生活因阅读而精彩

生活因阅读而精彩

放弃，是人生优雅的转身

FANGQI SHI RENSHENG YOUYA DE ZHUANSHEN

雅 文 ◎ 编著

中国华侨出版社

图书在版编目(CIP)数据

放弃,是人生优雅的转身 / 雅文编著.—北京:
中国华侨出版社,2011.10

ISBN 978-7-5113-1792-6

Ⅰ.①放⋯　Ⅱ.①雅⋯　Ⅲ.①人生哲学–通俗读物
Ⅳ.①B821–49

中国版本图书馆 CIP 数据核字(2011)第 202201 号

放弃,是人生优雅的转身

编　　著 /	雅　文
责任编辑 /	尹　影
责任校对 /	孙　丽
经　　销 /	新华书店

开　　本 / 787×1092 毫米　1/16 开　印张/17　字数/250 千字

印　　刷 / 北京溢漾印刷有限公司

版　　次 / 2011 年 12 月第 1 版　2011 年 12 月第 1 次印刷

书　　号 / ISBN 978-7-5113-1792-6

定　　价 / 29.80 元

中国华侨出版社　北京市朝阳区静安里 26 号通成达大厦 3 层　邮编:100028

法律顾问:陈鹰律师事务所

编辑部:(010)64443056　　64443979

发行部:(010)64443051　　传真:(010)64439708

网址:www.oveaschin.com

E-mail:oveaschin@sina.com

前　言

漫漫人生之旅，挫折常有，苦难常有，而勇气与抉择不常有。这时的明智取舍，便是一种放弃的智慧。正如大文豪爱默生所说："人生最大的智慧就是懂得放弃，我们每个人都有难以割舍的东西，放弃了，也许是一种胜利，也是一种智慧。"

人活一世，名利的挣扎会让人背上沉重的包袱，卸载才能轻装上阵，重获轻松自在的生活；烦恼的缠绕让人禁锢在窒息的沉昏中，放下才能神清气爽，享受拨云见日的阳光；欲望的羁绊让人沉沦于难耐的煎熬，抛弃才能怡然自得，转换为一番乐观豁达的人生。

然而大千世界，林林总总的诱惑横亘于前，很多人迷失了方向，将宝贵的时间浪费在无谓的追求中；很多人扛上了负担，让本该年轻的生命承担了过多的负荷。以致"五色令人目盲；五音令人耳聋；五味令人口爽；驰骋畋猎令人心发狂；难得之货令人行妨。"

基于此，这本《放弃，是人生优雅的转身》，希望通过全新的角度和独特的分类告诉广大读者：我们无限希冀的美好，往往就在一个转身之后，便到达了春天。正如犹太心理学专家弗兰克所说："在任何极端恶劣的环境里，人们还会拥有一种最后的自由，那就是选择自己态度的自由。"

本书共分9章，追古思今、纵横经纬，分别从得到与失去、有为与无为、正面与反面、小利与大局、高成与低就、纠结与宽心、弯直与进退、固执与灵活等方面阐释，所有的摇摆与纠结，所有的挣扎与痛苦，只在于一拿一放之间。轻盈一转、洒脱一放，便舞出了一种优雅的人生姿态。

全书语言隽永、情景细腻，道理与故事相结合，文字灵动而深刻。慢慢品味之后便会发现，本书具有很强的现实指导意义，使读者能够在纷繁复杂的人生旅途中保持清醒的头脑，以勇气放下包袱，以冷静掌控抉择，以平和面对得失，以中庸拒绝极端；出世之心，为入世之事。然后，一幅"柳暗花明又一村"的人生新景便将徐徐展开，每一个人将在一个又一个从容洒脱的转身之后舞动出属于自己的生命华尔兹！

目　录

❖第一章❖

在得失间摇摆，不如看淡荣辱坦然笑对

在充满得失的世上，人类生而获得，却无处不失。其实，人生本就是一个不断得而复失的过程，就其最终结果而言，失去比得到更为本质。既然得失乃是寻常事，那么在这一线之间，我们就无须不停地徘徊，更不必苦苦地挣扎。取一杯清澈之水，便无须再希冀天上的银河；舍一身背上重负，便使你我得以在云卷云舒中坦然笑对。

对自己不越位，对他人不强求。如此，才会在一个又一个优雅的转身中，经历出从容的人生。

❖ 第二章 ❖

想要活得洒脱，就该有所为，有所不为

　　两千多年前孔子就认为，君子要"有所为，有所不为"。"为"与"不为"在于取舍，或叫选择。我们在谋划应该做的事情时，也应该对不能做的事有一种判断。

　　有为与无为就像硬币的两面，选择其一，势必要放弃另外一面。这会让我们不致背负太重、举步维艰，是一种更深层面的进取。在舍弃繁杂中选择"不为"，就是为了更好地成就"有为"。如此豪气与洒脱，方是谱写人生优雅身姿的序曲。

❖ 第三章 ❖

为心灵找个家,幸福就在一念之差

　　人与人之间本没有过大的区别,造成差距的根本原因就是心态与角度。所谓境由心生,思维方式的差别,给人们带来的影响有时候就会大不一样,关键在于我们对幸福的本质认识。如何把握、如何调控,便如灯塔一般,修养着身心,指导着人生。

　　拿与放、黑与白、好与坏,这一切看似相对之物其实有时只是一线之隔、一念之差。如同硬币的两面,翻转过来,便是轻舞飞扬上天堂。

❖ 第四章 ❖

想顾全大局，就不要总着眼于小处

尘世茫茫，琐碎常有，而壮美不常有；纷杂常有，而宏大不常有。然而另一方面，中国古代先贤的智慧又告诉我们，万事万物都是在不断发展变化之中，没有绝对，只有相对。

的确，这是一种认识和选择，此时的小很有可能就是彼时的大，关键在于胸襟和眼界。只要心中怀有大局意识，那么一切的情绪、地位、尊卑、利益，等等，便都只是眼前井口般小的浮云。如此，才能站得高、看得远，以高屋建瓴之势去谱写属于自己的大局人生。

❖ 第五章 ❖
放下身段，才可以更安稳地前进

　　放下身段，其实是一种低调做人的方式。于生活、于人生，都会少去许多纷扰和纠缠，随之而来的便是未来的长久和安稳。没有了争强好胜和锋芒毕露，没有了尔虞我诈和钩心斗角，就会少了扰心的杂念和私欲，也就会减少桩桩烦忧和纠缠。

　　另一方面，身段也好，身份也罢，都只是一种"自我认同"，这本来是无可厚非的。但这种"自我认同"也是一种"自我限制"，也就是说，怀有这种认同感的人常常会想：因为我是这样的人，所以我不能去做那样的事。如此，只会让我们的路越走越窄。所以，要想更安稳地走出一条属于自己的路，就要放弃一种刻板的身份标榜，让自己回归到普通人中去。

❖ 第六章 ❖

放下无谓的追究，心宽是座舒心桥

有句歌词是："心，是一个容器。"的确，空间一旦设定，往里面盛放怎样的物质便是"千人千面"了。鸡毛蒜皮的琐事多了，目标理想就少了；死钻牛角尖，可以走通的路就少了；计较多了，能够放下的就少了。

可是，我们每个人又都想把日子过得尽可能舒心些，唯一的办法就是放下计较。这如同是给自己的心灵上了一道防线，使我们不主动地去制造烦恼。摒弃一切的争抢与豪夺，事事容得下，人人宽以待，即便真是听到一些负面的信息，遇到一些不愉快的事情，也会泰然处之，不会因一时的损失而不知所措。身心渐渐得到了涤荡，思想得到了净化，灵魂得到了滋润，心性自然也就被颐养得生生不息。

❖ 第七章 ❖

别为爱情蹉跎，转身留下优雅的背影

一生只爱一个可以相濡以沫的人，可以说是人生最大的完满。但是，如若一生只爱一个永远得不到或错过了的人，便只是一种激烈的偏执。

生活就像一条向前流淌的河，从不回头。错过了、失去了，就一定要坚定地放过。与不爱的人相忘于江湖，才有机会与相爱的人相濡以沫。得不忘形，失不落寞，也许在不远的将来，当我们获得真正属于自己的幸福之后，才会明白以前的放弃其实是一种更好的得到。

请记住：有人爱慕你直面时姣好的容颜，也一定会有人欣赏你转身后优雅的背影。

❖ 第八章 ❖

带着坐标尺前进，该转弯时就转弯

《孙子兵法》云："先知迂直之计者胜。"曲中有直，直中有曲，这本就是辩证法的真谛。强攻硬打，取败之道；侧面迂回，方含胜利之机。

无论是处世也好，为人也罢，都应懂得"月满则亏，水满则溢"的道理，也都应学会欣赏"花未全开月半圆"的美丽。以人生坐标为尺度，在不违理想、不失准则的前提下，该转弯时就转弯。这不仅是一袭侧立转身的优雅，更是一份孑然而出的洒智。

❖ 第九章 ❖

丢掉一味的坚持，方向正确才是成功的密钥

智者静观，明者远见。人生之路就像是一次旅行，很多人在匆匆前进的道上，往往就形成了一种一味低头赶路的惯性。殊不知，没有正确的方向，纵使付出再大的努力也不会取得成功。

人生的发展空间在很大程度上取决于最初的选择，做对了选择就等于在起点上领先于他人。在迈向成功踽踽而行的路上，前进的速度可以调节，但首先要明确方向。丢掉一味的坚持，不断、及时地调整方向，才能始终把成功的密钥牢牢掌握在手。

第一章

在得失间摇摆，不如看淡荣辱坦然笑对

在充满得失的世上，人类生而获得，却无处不失。其实，人生本就是一个不断得而复失的过程，就其最终结果而言，失去比得到更为本质。既然得失乃是寻常事，那么在这一线之间，我们就无须不停地徘徊，更不必苦苦地挣扎。取一杯清澈之水，便无须再希冀天上的银河；舍一身背上重负，便使你我得以在云卷云舒中坦然笑对。

对自己不越位，对他人不强求。如此，才会在一个又一个优雅的转身中，经历出从容的人生。

祸福相依，得失相伴

任何时候，当所有的门都对你关闭的时候，老天还为你留着一扇窗户。当你觉得自己已经一无所有的时候，其实，你还在拥有。

在人的一生中，几乎没有谁的生活是一帆风顺的。很多时候我们要面临太多的放手，即使心有万千不甘。但是失去不代表我们对生活的失职，不表示我们对梦想的放弃，不意味我们对信念的亵渎，更不能说明这是厄运的开始。谁也不能说失去就未必不是人生中的另一种契机，祸福相依，得失相伴，自古就早有先贤为证。

人称"陶朱公"的范蠡，不仅学识渊博，而且足智多谋。他的一生可谓是大起大落，总结起来一共有三聚三散。面对这些得到与失去，他无一不是坦然面对。

春秋时期，他帮助越王打败了吴王，成就了霸业。胜利后，越王封范蠡为上将军。可范蠡知道勾践为人可共患难而不能共富贵，为避免兔死狗烹的下场，毅然放弃自己创下的丰功伟业，辞书一封，乘一叶扁舟趁着夜色而去。此所谓"一聚一散"。

辞去上将军的职位后，范蠡来到了齐国。他更名改姓，耕于海畔。凭借过人的商业头脑，没有几年就积家产数十万。齐国人仰慕他的贤能，请他做宰相。范蠡感叹道："家里有了千金，做官做到宰相，这是一个普通人的极限了。如果总是名声在外，实在是不祥的开始啊。"于是就归还宰相印，将家财分给乡邻，再次隐去，正所谓"二聚二散"。

而后，范蠡又来到了陶地。他看到此地为贸易要道，可以此致富。于是，他自称陶朱公，留在此地，继续从事商业经营活动。没用多长时间，又获得了丰厚家产。

没想到，范蠡的次子因杀人而被囚禁在楚国。范蠡为了搭救自己的儿子，就派三儿子前去探视，并带上一牛车的黄金。可是长子坚持要替少子去，并以自杀相威胁。没办法，范蠡只好同意。到了楚国以后，由于长子办事不力，使范蠡的次子死在了狱中。当范蠡一家得知死讯后，无不悲痛万分，唯有范蠡独笑说："我早就知道次子会被杀，不是长子不爱弟弟，是有所不能忍也！他从小与我在一起，知道生存的艰辛，所以不忍舍弃钱财。而少子生在家道富裕之时，不知财富来之不易，很易弃财。我先前决定派少子去，就是因为他能舍弃钱财，而长子不能。次子死在了楚国也是情理中的事，无足悲哀。"这就是"三聚三散"。

陶朱公范蠡不仅能治国安邦，还善于商业经营，他的眼界和境界自然是非同一般了。面对高官厚禄或是富甲一方，他能坦然取之，又坦然舍之；在亲人生死离别之时，他又能平静接受。这种对待人生中大得大失的态度值得每一个后人学习。

人生在世，无论遇福遇祸，都要及时调整自己的心态，超越时间和空间地去观察问题，充分考虑到事物有可能出现的极端变化。这样，无论福事变祸事，还是祸事变福事，都有足够的心理承受能力去面对。正所谓"祸兮福之所倚，福兮祸之所伏"，二者只不过是一个人生命中的正常过程而已。整个人生就是一个不断得而复失的过程，无须大喜或大悲。能够淡然接受并习惯失去，才能从失去中有所获得。

古人云：人有悲欢离合，月有阴晴圆缺，此事古难全。面对收获，不要过于得意，要想到没有时的痛苦；面对失去，也不要过于落寞，要想到这是逆境中的磨炼。人生在世，有得有失，有盈有亏。也许生命发展本就遵循着公平的原则，面对生活，无论你的选择是什么，你注定会失去一些东西，也注定会在失去的同时又获得另外一些东西。

有一位高僧十分喜爱陶壶。讲经说法之余，总是全心地去照料、把玩他所收藏的陶壶。

只要听说哪里有佳品，不管多远，高僧都会不顾一切地去亲自鉴赏。如果哪件陶壶走进了他的心里，纵使不吃不喝，他也要把它收藏起来。大家都说，陶壶已经融入了高僧的生命。

众多茶壶当中，高僧最钟情一个莲花壶。沏茶之后，香气四溢，隐隐中还带着莲花的清香。喝茶的人会置身于其中，似乎更能陶冶人的性情。

一天，一个许久没见的朋友前来拜访，高僧很是开心，拿出这个挚爱的茶壶为他泡茶。朋友也甚是喜欢这个莲花壶，一直对它赞不绝口。但是，在把玩的过程中，朋友一不小心将它掉到了地上，茶壶顿时成了碎片。

高僧蹲下身子，小心翼翼地收拾起碎片，把它放进手帕里，揣进了宽大的衣袖中，然后拿出另外一只茶壶给朋友泡茶，朋友一直表示歉意，高僧就像什么事也没发生一样，依旧谈笑风生。

朋友走后，弟子问他，这是师父最喜欢的茶壶，被打碎了，师父不难过吗？高僧说，我之所以喜爱它，为的是让人沾染香气、供人品茶，并不是因为难过才收藏它啊，壶碎已经是事实了，再留恋它又有何用？不如重新寻找，也许还会找到更好的。

高僧的"不是为了难过而收藏"的佛理，深深地感染了弟子们。弟子们潜心修炼，最终名扬万里。

高僧失去了心爱的莲花壶，以此却更好地教育了自己的弟子。世间的事物变化无常，我们不要刻意去体会失去的痛苦，毕竟，我们喜爱一种事物的初衷，并不是要去体会失去它时的伤心。很多东西既然已经失去，不妨就随它们去吧。我们不妨认真地思考一下自己所遇到的得与失，就不难发现，在得到的过程中也确实不同程度地经历了失去，而在失去的同时也得到了某种永恒。

在造物主眼里，纵使生命殆尽也同样是一切永远的开始。狂风劲吹，一棵老树轰然倒下，我们在叹息老树生命结束的同时，更感叹一棵幼苗将会在它倒下的地方重新生根发芽，新生命又刚刚开始。今年花谢，明年依旧绚烂多姿；今年的放弃是为了明年能够花红满树，桃李芬芳。

"失去不是一种过错，失去了生活的轰轰烈烈，才能享有平平淡淡；放弃了急流险滩，才能拥有温馨的港湾。"祸福相依，得失相伴。人生没有绝对的失去，更没有永远的拥有。当我们拥有的时候，就要珍惜它的美好；而失去它的时候，不妨告诉自己，另一种新的生活又在向我们招手。

放手之后,收获始来

有句流传甚广的佛语说:"这个世界上没有什么是放不下的,痛了,你自然就会放下。"这说的是一个不断往里倒热水的茶杯,直至水溢出来,烫到执杯人的情境。其实世间万物本就没有什么是放不下的,就连生命的降生都是一种恩赐,那么后天的一切自然更是一种额的地获得。如此说来,得失常态,失去的就随它去吧。又何必为难自己,非要等体会到切肤之痛之后才肯放手呢?

弥勒菩萨化身的布袋和尚看到农人插秧时有所感悟,随行赋诗一首,题为:"手把青秧插满田,低头便见水中天。心地清净方为道,退步原来是向前。"农人手拿着青秧一步一步往后退,退到田边,退到最后,就把所有的秧苗全都插好了。原来,正因为倒退着插秧,才不致踩坏秧苗,甚至迅速地完成插秧的劳作。

有时,退让并不是完全的消极,如同放手并不等于失败。我们抓住不放的,未必就是最有价值的,心灵的重负也完全取决于一拿一放之间。不要拒绝五指张开的尝试,那一刻,就是打开井盖、融入天空的开始。

关于放手,有一个5分钱硬币和3万元古董花瓶的故事:

一位年轻妇人正在厨房里做饭,忽然听见从客厅里传来4岁儿子极度恐慌的声音:"妈妈,妈妈,快来呀!"

年轻妇人闻声便下意识地跑到了客厅,才发现原来儿子的手卡在了一个花瓶中无法抽出,因此痛得连声直叫。

她想帮儿子将手从花瓶中拉出来,可试来试去也无济于事。看着儿子脸上挂满了泪水，年轻妇人心疼至极，便找来一个锤子，小心翼翼地把花瓶敲破了。

费了很大的劲，儿子的手终于出来了。

这时，儿子将手紧紧攥成一个拳头，怎么也不松开的小手吓坏了年轻妇人。她想，难道是孩子的手在花瓶里卡得太久而变形了？

等她将儿子的拳头小心地掰开时，一面彻底松了口气，一面让她哭笑不得：孩子的手没事，他的小手心里紧紧攥着的是一枚5分钱硬币，而那个刚刚被她敲碎的，是一个价值3万元的古董花瓶。

原来，淘气的儿子不小心将几枚硬币扔进了花瓶，便想把它们取出来。可由于紧紧攥住硬币的拳头大过了瓶口，于是就怎么也出不来了。

年轻妇人不由问儿子："你怎么不放下硬币，把手松开呢？那样你的手就可以出来，妈妈也就不必打烂这个花瓶了。"

儿子只回答了一句话："妈妈，花瓶那么深，我怕一松手，硬币就跑掉了。"

为一枚5分钱的硬币，砸烂了一个价值3万元的花瓶，这个故事听起来未免有些可笑。但欷歔一笑之后，我们可曾意识到，这个发生在4岁孩子身上的故事，其实也普遍存在于你我之间？有多少人正是由于将手中的东西抓得太紧，最后导致了因小失大，甚至悲剧？这些人手中紧抓的"硬币"，在他们看来都是十分重要的东西，比如利益、成就、权力、面子、学识……但也许从未有人帮他们点破：这些其实都只是那"5分钱"，人生的"3万元"和更有价值的追求，应该是感知幸福的能力。这决定了我们是否能有一颗平静而快乐的心，以及和谐而广阔的生命。

想来，人们之所以紧抓"硬币"不愿松手，可能是因为害怕一旦放手，这些本来已属于自己的东西就再也没有了。人们总是固执地认为，只要我们攥紧拳头，拥有的就会变成永久。其实不然，当双手承载的是过去，紧握的是伤痕，我们对自己所做的无疑就是一种自残。

事实上，所有对生命有所彻悟的人都告诉我们：真正的幸福与快乐并不在于手中拥有多少外在的物质，而在于内心能够容纳多少高贵而美妙的思想。人的一生从某种角度来说，就是一种不断拥有和不断失去的过程。如同断奶的过程：母乳喂养是维系两代人情感和生命的纽带，但每个人都必经的断奶，就是一种放弃，同时也标志着长大。

　　放手并不是逃避与屈服，就如同划船时，船桨是往后划动才可以使得船舶向前行驶。退后，有时是为了更好地前进。那么，放手，就是退后中的向前。

　　如今的吴小莉已经很少在荧屏上露面，作为一位曾名满天下的主持人，当被问及从台前到幕后的转变会不会产生失落感时，吴小莉这样回答：

　　"我退到幕后既是事业的需要，也是我个人的主动选择。从事管理工作当然少了很多观众的关注与追捧，可是我会找到另一种满足。虽然工作岗位有了变化，但当新闻大事发生时我其实仍然在场。我个人和我们的频道共同存在着，所以不会有失落感，而是换了另一种成就感。我主动选择这样的岗位是因为这样生活更规律些，可以调配出时间照顾我的家庭。"

　　在分秒必争、名利挂帅的当代社会，吴小莉用柔和的进退方式换得了轻松惬意的生活。放手之后，天地豁然开朗。或疏放挺秀，或清幽淡雅，心灵与自然的共鸣便源源不断。

　　同时，从另一方面来说，张开紧握的手，我们才不会被痛苦所累。人之所以会产生悲伤，就是因为把以前的得到看成了理所当然。所以，要想活出一个有意义的人生，就不能仅仅习惯于得到，还要接受并习惯失去。失去本身并没有问题，有问题的只是人的心理罢了。

　　松开一个紧握的拳头，瞬时间就会感到自在而重获活力；放弃一种不切实际的执著，更能体现出长久而睿智的境界。它可以放飞心灵、还原本性，使我们真实地享受人生。进退从容、积极乐观，才有可能迎来光辉的未来。久而久之，在得失摇摆之间练就了一身找寻平衡的能力，做得优雅，做得从容，从而收获对成长的喜乐，对未来的光辉。

↙

安然看待得与失

人生而在世，本来就是一个不断得而复失的过程。就其最终结果而言，失去比得到更为本质。随着整个生命的逝去，我们所拥有的一切都将失去。世事无常，没有任何一样东西能够被永久地占有。既如此，又何必患得患失？不如不困惑，不如不挣扎；得到时珍惜，失去时放手；安然于两者之间，心平而气和。

也许，大多数人心里都明白，在漫漫人生长河中，得失是随时相伴的。而人生境界的区别就在于，大智者懂得平凡中自有升华的道理。每一次的觉悟和放弃，都是一次灵魂的洗礼。伤感过后，仍是要回到现实生活中，日子并不会因为个人而改变。就在这叠进式的理解中，便会懂得超脱地望向未来。眼神里的凄楚，也因深刻而愈加美丽。

东晋大诗人陶渊明向来被世人奉为安贫乐道、高洁傲岸的精神典型，一段《五柳先生传》便足以为证：

"环堵萧然，不蔽风日；短褐穿结，箪瓢屡空，晏如也。常著文章自娱，颇示己志。忘怀得失，以此自终。"

想当初，那不为五斗米折腰的陶渊明，也曾有过报效天下之志，13年的仕宦生活是他为实现"大济苍生"的理想抱负而不断尝试、不断失望、终至绝望的13年。然而终究，赋《归去来兮辞》，挂印辞官，彻底与上层统治阶级决裂，毅然不与世俗同流合污。对于所谓的世事得失，怎一个潇洒了得。

回归故里后，陶渊明一直过着"夫耕于前，妻锄于后"的田亩生活。初时，生活尚可："方宅十余亩，草屋八九间"、"采菊东篱下，悠然见南山"，虽简朴，却乐在其中。

后住地失火,举家迁移,生活便逐渐困难起来。如逢丰收,还可以"欢会酌春酒,摘我园中蔬"。如遇灾年,则"夏日抱长饥,寒夜列被眠"。然而,其安然于得失的本色丝毫未改,稳于心中。

陶渊明的晚年生活愈加贫困,却始终保持着固穷守节的志趣,老而益坚。元嘉四年(公元 427 年)九月中旬,神志尚清时,他为自己写下了《挽歌诗》3 首。在第三首诗中末两句说:"死去何所道,托体同山阿。"如此平淡自然的生死观,情也飘逸,意也洒脱。

或许,对于陶渊明的境界,我们一时无法企及,但至少能做到的便是抱有一颗淡泊明志、从简修行的心。平静面对得失,执著于自身超脱;固然炎凉冷暖,又何碍于以冷眼旁观,泰然自若?正像一代名臣曾国藩所说:"得失有定数,求而不得者多矣,纵求而得,亦是命所应有。安然则受,未必不得,自多营营耳。"

往往,得与失在我们心中可能只有一线之隔。安然看待得与失,需要一颗平常之心、一种淡然之态。坦然之后,才会有笑对,才会有幸福。

平日里,我们好像只关心自己已经失去的,一味地沉浸于喋喋不休的埋怨与追悔中,无形中留下了许多伤感与怨恨。其实,在漫漫旅途中,失去并不可怕。只要能够认识到这是一种常态,快乐与否,就只是我们内心看待得失角度的问题了。

在一次画展上,四面八方的人都涌进了画室,据说他们要欣赏的都是大师之作,不仅历史悠久,而且摆出的画作堪称精品中的精品。除此之外,更吸引人的恐怕是根据画作内容增加的音乐欣赏。人们在欣赏的过程中,不仅能饱眼福,还能饱耳福,真所谓一场视听盛宴。

然而,在这些欣赏者中居然有一个盲人。只见他侧耳倾听着音乐,时而凝重低缓,时而明快张扬,时而翻云滚滚,时而云开见日。盲人惊喜地拉着身边的人说,我看见了,我看见了,看见了小河流水,看见了细雨绵绵,看见了七彩之虹,也看到了多彩人生……大厅里响起一片掌声,也许是激动,也许是震撼,也许是发自内心的感叹。因为那幅画的名字就叫《七彩人生》,而画中所描绘的景象和色彩和盲人说的如出一辙。人们知道,盲人真的看到了。

当人们为这位盲人欢呼的时候,画廊的另一侧也发出久久不落的掌声。原来,感动无处不在,正所谓无独有偶:一个听力失聪的孩子由父母陪同也来看画展。虽然他不知道声音为何物，不知道他所看的画作还有与之匹配的音乐，但这丝毫没有影响到他欣赏的心情。他仔细地看着，目不转睛、神情专注。然后忽然转身，微笑着大声对旁边的父母说，我听到了，听到了小鸟婉转歌唱，听到了流水潺潺，听到了有风儿呼啸、瀑布轰鸣，听到了远处的马蹄声，甚至听到了花开的声音，还有伙伴的读书声……父母看着被称为《天籁》的画作，望着儿子那天真的微笑，泪水不禁冲出眼眶，笑意却舒展了面容。

前来观看画展的人们带着满满的收获回家了，这其中，两个身有缺陷的人在他们心中留下了深深的印记。

芸芸众生，茫茫人海，人们努力地追寻着幸福。然而往往，很多人却更容易沉浸在失去的痛苦中不能自拔，从而感到自己是那么不幸。其实，幸福是一个多元化的命题，只要用心感受，即使失去也是一种别样的幸福。只不过很多时候，我们身处幸福的山中，在远近高低的角度看到的总是别人的幸福风景，唯独没有悉心感受自己所拥有的幸福天地。

失去并不可怕，可怕的是我们不能够正视现实。往往，当我们对失去感到遗憾的同时，可能就在不经意间得到了另一种收获。既然已经失去了，又何必耿耿于怀，纠缠于内心？放弃不必要的冥想，珍惜眼前的平凡；自娱自乐，心安理得。没有刻意的追求，便不会有失去的伤感和沉重。

月亮的残缺并没有影响到它的皎洁，人生的遗憾也不该遮掩住它的美丽。不要再让担忧与焦虑消耗我们的精力，摇摆的不安与得失间的平衡只是一念的意识。安然于得失，拥有简明的心性，胸襟便自然豁达于明媚之中。

摇摆不定源于过多选择

生活在这个繁杂的世界上，有太多的诱惑、太多的追逐以及太多的选择，使原本并不复杂的生活变得让人感觉是那么难。正如一位哲学家所说："当生活中只有一种选择的时候，我们的内心是平静而快乐的；但是可供选择的事物一旦多了起来，生活便多了许多烦恼。而这些烦恼主要源于人们在众多选择面前患得患失的犹豫心理。"

其实，事物的本质从来都没有变，变的只是复杂化了的人心。然后，人们单纯的面貌和健康的身心也开始变化，变得或是唯唯诺诺、谨慎小心，或是狰狞怒目、霸道无理。到最后，只弄得伤痕累累。于是，人们又开始抱怨社会的复杂，感叹自由的不再；一边怀念坦荡与诚信，一边又丢失了曾视为生命的自尊和本性。

所以，我们要想从这种混乱、痛苦的状态之中走出来，就要勇于舍弃，让生活重回简单的状态。舍弃那些扰乱我们心智的"更多选择"，回归一种简单的生活。

有一位诗人为了追求心灵的满足，不断地从一个地方到另一个地方。他的一生都是在路上，在各种交通工具和旅馆中度过的。当然这也并不是说他没有能力为自己买一所房子，这只是他选择的生活方式。

后来，由于他年老体衰，有关部门鉴于他为文化艺术所作的贡献，就给他免费提供了一所住宅，但是他拒绝了。理由是他不愿意让自己的生活有太多的"选择"，不愿意为外在的房子、物质等耗费精力。就这样，这位独行的诗人，在旅馆和路途中度过了自己的一生。

诗人死后，朋友在为其整理遗物时发现，他一生的物质财富就是一个简单的行囊，行囊里是供写作诗的纸笔和简单的衣物。而在精神方面，他却给世人留下了 10 卷极为优美的诗歌和随笔作品。

这位诗人正是勇于舍弃外在的物质享受，选择了一种简约的方式，最终才丰富了精神生活，为人类作出了巨大的贡献。他的一生是去繁就简的过程，没有太多不必要的干扰，没有太多欲望的压力，是一种快乐而又纯粹的人生。

《圣经》上说，上帝只因一个简单的心思，单单用泥土就造就了人类。如此，我们又为何要去追求无谓的繁杂，终将自己置于痛苦之中呢？选择越多，摇摆越强烈，而这些"更多的选择"正是我们内心不断索取的结果。对此，哲学家说："因为人的欲求不止，所以，生命是一个不断作茧自缚的过程。"行为心理学家也指出：与其说人的行为是受一定的原因支配，不如说它更受人生一系列的目标或一系列的目的所支配。在达成目标的过程中，人总要面对各种各样的选择。不同的选择所达到的目标结果是不尽相同的，人生也有可能会由不同的选择而发生完全不一样的变化。于是，为了使目标结果更为完美，在选择的过程中，就开始了仔细斟酌、细心掂量，随后，烦恼就产生了，混乱的生活状态也就开始了。自然界中这样的现象无处不在，就连有些动物也是如此。

森林中生活着一群猴子，每天当太阳升起时，它们会从洞中爬起来外出觅食，当太阳落山时，又自觉回到洞中休息，日子过得极为平静而快乐。

这天，一名旅客在游玩的过程中不小心将手表丢在了森林中。恰好，猴子卡卡在外出觅食的过程中捡到了这块手表。聪明的卡卡很快就搞清楚了这个"战利品"的用途，于是，它也就自然掌控着整个猴群的作息时间。不久后，凭借自己在猴群中的威信，卡卡成为猴王。

当聪明的卡卡意识到是这只手表给自己带来了机遇与好运后，每天就利用大部分的时间在森林中寻找，希望自己可以得到更多的手表。功夫不负有心人，聪明的卡卡终于又找到了第二块，乃至第三块手表。

但出乎卡卡意料的是，当它真的面对 3 块手表时，反而给自己带来了新的麻烦和痛苦。原来，每块手表因为工艺上的误差，所显示的时间并不是分秒不差的。如此一来，卡卡根本不能确定哪块手表上显示的时间是最正确的。猴子们也发现，每次来问及时间的时候，卡卡总是支支吾吾回答不上来。一段时间后，卡卡在猴群中的威望大大降低，整个猴群的作息时间也变得一塌糊涂。最后，卡卡在大家的愤怒声中被推下了猴王的位置。

拥有一块手表，可以明确地知道时间，但当面对两块甚至更多块手表时，反而却迷失了时间，带来了无尽的烦恼和痛苦。如此说来，真的是选择越多，就越容易犹豫不定，随之而来的烦恼也就越来越多。

其实，午夜时分，我们可以和自己的心灵对一对话。那时聆听到的声音，一定是最真实，也是最本初的渴望。那声音仿佛在说："脱去复杂的面具吧，生命之舟载不动太多的物欲与选择，简约才是福啊。"

简约并不是清心寡欲，一味追求清贫的生活。它是避开纷争、去粗取精，仅仅意味着虔诚地倾听并顺从内心最真实的声音，从而过上悠闲的生活，获得心灵的从容。正如尼采所说："如果你是幸运的，你必须只选择一个目标，或者选择一种道德而不要贪多，这样你就会活得快乐些。"

我国著名数学家陈省身先生不止一次地对外表示：数学的一个重要作用就是九九归一，化繁为简、化大为小，就是把遇到困难的事物尽量划分成许多小的部分。如此一来，每一小部分显然就更容易解决。而为人处世也是一样，越是单纯专一的人，就越容易在某一方面取得成功。

同样，要想让自己的生活时时感到快乐，就不能背负太多的选择。去繁就简，并不是目的，而是一种生命的过程。如此，才不致使自己在众多的选择面前无所适从。如此，处处淡定安然，获得内心的祥和，生命的整个系统才会愈来愈趋近于稳定与和谐。

为了得到熊掌，只有舍弃鱼

大多数人为选择而苦恼，本质都源于不懂得放弃、不甘心放弃。的确，人的一生中会面临数不胜数的各种选择，左右为难的情形会时常出现。是左是右、是取是舍，经常会把人推入矛盾、纠结，乃至无助、绝望的边缘，人们因为有多种选择而变得难以抉择。

然而，当我们逐渐参透了得失的智慧，练就了取舍的本领后，也许未来的视野即将会展现出另外一种截然不同而豁然开朗的景致。正所谓"鱼与熊掌不可兼得"，这个被历传经久的道理告诉我们，有舍才会有得。正如猎人不可能同时追赶两只兔子一样，为了得到一只，就必须放弃另外一只。懂得选择、勇于放弃，才是保持生命得以延续、得以平衡的智慧。

人们时常感叹雄鹰在天空翱翔、巡弋、盘旋的美，仰慕雄鹰搏击长空的无畏，更震撼于雄鹰的再生过程。而老鹰也是世界上最长寿的鸟类，它一生的年龄可达70岁。

然而，当老鹰活到40岁时，它的身体却会发生一场巨变：尖利的双爪开始老化，显得愈来愈笨拙，甚至根本无法灵活地捕抓到猎物；喙变得又长又弯，几乎可以碰到胸膛，严重影响进食；健美的双翅长满了又浓又厚的羽毛，使它再也不能轻盈地飞翔。

此时老鹰面临两种选择：要么等死，要么经过痛不欲生的蜕变与历练，让生命得以新生。

求生的渴望转变成老鹰放弃"慢慢老化"的信念。于是，凤凰涅槃的过程开始了。

老鹰必须拖着沉重的翅膀努力飞到任何鸟兽都无法上去的险峭悬崖，筑巢停留。它开始用喙击打岩石，把老化的喙连皮带肉完全磕掉，然后忍着剧痛等待新的喙长出来。新喙长出来后,再用新喙把双爪的老趾甲一个一个拔掉。等新的趾甲长出来,再用趾甲把旧羽毛一根一根扯掉。这其中的痛,老鹰承受着,而外界却很难想象。

5个月后,新的羽毛长出来了,老鹰又开始了接下来长达30年的飞翔之旅。

尽管抉择的过程非常残酷,老鹰还是经过痛苦的蜕变获得了新生。选择放弃安逸的等待,也许会很艰辛、很痛苦,但是放弃并不等于失去,反而是凤凰涅槃般的再生。

那么,在我们人类的生命中,又何尝没有"老鹰再生"式的抉择呢?有时候,我们必须做出艰难的放弃甚至牺牲,才能开始又一段崭新的旅程。

放弃是一种能力,明白自己应该坚持什么,又该放弃什么,这是一种大格局的果敢和胆识。试想:要获得成功,但又害怕经历磨难;想获得清闲而辞职在家,但是又会因为无所事事而失落;为了得到高薪而寻觅到了一份好工作,但是又感到责任太重、压力太大……如果总是这样患得患失,又怎能让自己的内心获得平静、收获快乐呢?

要知道,快乐与痛苦从来都不是孤立存在的,福和祸永远都是相依相衬的。一件事的正面是快乐,背面大多就是痛苦。如果想要得到,就必然要付出一定的代价。认清了这一点,就要时时刻刻多想想自己的所得,忘却自己的付出或所失,心中的不平衡自然也就会减少甚至消失。面对人生,我们是自己唯一的导演,只有学会选择、懂得放弃,才能彻悟人生,才能拥有海阔天空的人生境界。

有一个女孩学习很刻苦,她的理想很现实,就是希望大学毕业后能拿到出国进修的机会或是找到一份待遇优厚的工作。没想到当她苦苦追寻的梦想都实现的那一刻,她却没有预期的欣喜,反而开始惆怅起来,因为,当公费留学和优厚的工作同时摆在面前时,她不知道该如何选择了。

为了庆祝女儿的成绩,妈妈特意为她准备了一桌子丰盛的饭菜。席间,女儿把自己的烦恼告诉了妈妈。妈妈笑笑,随手夹起女儿最喜欢吃的酸菜鱼。但随即,母亲的眉宇间却突然变得忧郁起来,仿佛遇到了什么难事,握住筷子的手也在空中停滞了。

女儿赶忙关切地询问:"妈妈,您怎么了?"

妈妈看着另一盘女儿喜欢吃的口水鸡,又看看用筷子夹住的酸菜鱼,说:"我也想给你夹口水鸡,可是现在没有办法做到。"

女儿笑妈妈老了:"妈妈,你放下手里的酸菜鱼,不就可以夹到其他的菜了吗?"妈妈没有说话，只是看着自己的女儿。瞬间，女儿似乎明白了什么，低下了头。

"孩子，没有放弃，就无所谓选择。只有你放弃了手中的这样东西，才可以拿起其他的东西。一个人选择得当，是因为放弃适宜。每选择一次，就等于放弃一次，也可能遗憾一次。但是如果你不选择、不放弃，那么就连遗憾的资格都没有了。"妈妈满脸严肃地说。

听完妈妈的话，女孩毅然放弃了待遇优厚的工作。3年后归国，已然硕果累累。而且，她再也不会为选择所累，不再为放弃所伤。

学会放弃才能够成功。人生苦短，越想多得到一些，就越需要放弃另一些。应该肯定的是，不做选择、不敢放弃的人是痛苦的。懂得果敢地放弃和义无反顾地选择，是一种智慧。也只有这样的人，才会活得快乐、活得潇洒，从而拥有心灵上的平衡。

古人云："鱼与熊掌不可兼得"；智者曰："两弊相衡取其轻，两利相权取其重。"放弃和选择本来就是相辅相成。能否舍弃人生路上必须舍弃的东西，这或许是衡量一个人是否成熟、是否具有智慧的一个重要标准。因为只有当一个人能够冷静而准确地认识自己、认识环境，能够理性、客观地规划自己的理想与生活的时候，他才敢舍弃，他才能够舍弃。舍弃是大自然的规律，是一种与生俱来的生存方式，更是勇者与智者的修炼。

面对人生，就让我们以闲看云卷云舒、花开花落的心境，从容地去选择。选择一种气度，选择一种风范，选择一种壮美。有所选择，有所放弃，方能在不断的摇摆中寻找到动态中的平衡，在不定的纠结中觅得坦然的平静。

放弃遗憾，才能活得更美

　　不知是谁曾说过："当现实的情形不按照理想的模式发展，出现事实与心愿不统一的结局时，遗憾便产生了。"的确，许多事情总是想象比现实更美，相逢如是，错过亦如是。

　　人生本来就是一个遗憾的过程，从来没有一帆风顺，更不会存在十全十美。生活中总会出现太多的遗憾，但实际上，对于我们人类而言，提倡某种"美中不足"的角度和观念是符合自然规律的。就像断臂的维纳斯至今流芳万代，正是"缺憾"成就了它的经典。

　　从某种意义上说，人是"没有完成"的动物。而未完成则是一种人生的常态，也是一种积极的心态。生活中有很多的遗憾和缺陷，如能以积极健康的心态来面对，也不失为人生的另一种完美。

　　曹雪芹写完《红楼梦》的第一稿后，万没想到竟然不慎遗失，其遗憾之深足以让他悲痛欲绝。不得以，第二稿才得以问世，可最后留下来的也仅仅是前80回而已。

　　舒伯特的交响曲《未完成》只有两个乐章，明显不同于一般至少有3到4个乐章的交响曲。后人一再试图续写，却终告失败。值得玩味的是，这"未完成"的曲子在古典音乐史上却比任何"完成"都被认为更接近完美。

　　我们应该认识到，无论是一个人还是一个事物，若真的达到"完美无憾"了，从某种意义上说，也就是极其可怜的了。因为他再也无法体会到有所追求、有所希望的感受了；也永远无法体会到接收别人带给他一直梦寐以求东西时的喜悦。

　　所以说，遗憾并不可怕，可怕的是不放弃遗憾，终生为遗憾所累。智慧的人总会选择适时地关上身后的门，以积极健康的心态来面对。因为他们知道，只有丢掉遗憾，才能轻松地开始新的征程。

一天，英国前首相劳合·乔治和朋友在院子里散步。他们每经过一扇门，乔治总是随手把门关上。

"您为什么每经过一道门都要随手关上，您觉得这样有必要吗?"朋友很是好奇。

"哦，当然有这个必要。"乔治微笑着对朋友说，"我这一生都在不断关闭我身后的门。你知道，这是必须做的事，而且已经成为我的习惯。当你关门时，不管是曾经的美好，还是痛心的遗憾，过去的一切都被留在了后面。而后，你才可以重新开始。"

乔治的话，让朋友陷入了久久的沉思。

而乔治本人正是凭着丢掉遗憾、重视眼前的观念和心态，逐步走向了成功。

"我这一生都在关我身后的门"，这是多么经典的一句话。追悔过去，只能失掉现在;失掉现在，又哪有未来? 如果始终活在这样或那样的遗憾中，我们失去的不只是眼前，属于我们未来的快乐也会被硬生生地剥夺了。

从昨天的风雨里走来，看到的自然不只有鲜花和阳光，也经历了杂草与阴霾。心中多少留下的一些遗憾，是不能完全抹掉的。但如果一味地沉浸在遗憾当中，势必会把过去的失误放大，从而更加深了追悔的痛苦。正如俗话所说:"为误了头一班火车而懊悔不已的人，肯定还会错过下一班火车。"我们需要做的是，总结昨天的失误，找到遗憾所在的症结，放下对过去失误和不悦的耿耿于怀。

月亮有圆有缺，但也正因为此，它才留住了美丽，所以它是圆满的。生活中的很多事情也是如此:只有品味到分离的相思之苦，才能领略到相聚后的幸福甜蜜;只有经历过分心的遗憾，才能体会到忠诚的可贵;只有品尝过失败的痛苦，才能体会到成功的喜悦;只有遭遇过疾病的折磨，才能体会到健康的重要。在纷纷扰扰的尘世间，纵然有万般遗憾，但能够拥有甜蜜、体会忠诚，能够健康地生活，不也是一种圆满吗?

这个世界上所有的缺陷与遗憾都是"被上帝咬过一口的苹果"，这样的比喻是何等的新奇而幽默，又是怎样的善解人意。它来自于这样一位盲人的故事。

有一个从小就双目失明的孩子，一直为这一缺陷而备感沮丧。他悲观地认为自己这两只瞎了的眼睛从一开始就是不完美的，且再也没有能力扭转。于是，他放弃了任何追求，浑浑噩噩地消度人生。

某日做梦，偶遇一位智者开导他说："世上每一个人都是被上帝咬过一口的苹果，都是有缺陷的人。有的人缺陷比较大，是因为上帝特别喜欢他的芬芳。"

那个双目失明的孩子听后，突然从梦中惊醒，恍然大悟，心情顿觉开朗起来。从此，他把失明看作是上帝对自己的特殊偏爱，振作奋斗，不断向命运挑战。后来，他成为一名远近闻名的优秀按摩师，为许多人解除了病痛。他的事迹也被写进了当地的小学课本。

人类历史上有太多的天才俊杰都"被上帝咬过一口"：失明的文学家弥尔顿、失聪的大音乐家贝多芬、不会说话的天才小提琴演奏家帕格尼尼……也许，由于上帝的特别喜爱，他们才都被狠狠地"咬了一大口"。

事物的发展、演变都有其自然性和规律性，正如春光苦短、夏日暑长、秋季萧瑟、冬风凛冽，一年四季都会有遗憾。那么，在漫长的人生道路上，也不可能总是一马平川。正是有了沟沟坎坎、挫折打击这些"残缺"，我们到最后才可以说："人最宝贵的是生命，生命对于每一个人只有一次。人的一生应当这样度过：当回首往事时，不因虚度年华而悔恨，也不因过去的碌碌无为而感到羞耻……"

人人都会有不足，生活中也总会有缺憾。当你还执著于完美的追求而不肯放弃时，不妨想想"每个人都是被上帝咬了一口的苹果"这句话。在历经坎坷之后，才明白了放弃遗憾便意味着成熟。穿越过岁月的风雨，才发觉世间最珍贵的还是把握现在。放弃了遗憾，也就读懂了人生。珍惜这似水的流年，即使将来容颜不再，至少还可以对自己说："放弃遗憾，我活得更美。"

不要总想着挽回，有时人生需要放弃

世事无常，人的一生中会遇到很多"不按常理出牌"的时候：有时候，我们会受到幸运女神的眷顾，收获意想不到的幸福，例如收获爱情，例如受到老板的赏识，甚至买彩票中了大奖，等等；但同时，也会突发一些状况，让许多人感到痛不欲生，比如生意的失败、恋人的抛弃、亲人的离去……得，大喜；失，大悲。

对于失去的，如果百般努力却成功无期，那么就没必要总想着一味地去挽回。不妨学会放弃，换一种活法，或许就会有另一番情境。面对食之无味、弃之可惜的鸡肋，不如毅然放弃；无味的东西，再啃下去亦无多少意义。面对一条无路可走的死胡同，则必须赶紧放弃；必要地回头，会让我们绝处逢生。这时的放弃是一种豪气、一种睿智，是更深层面的进取。

失去了，调整心态、豁达胸襟，敢于面对现实，认真分析形势，更加珍惜现在的拥有。如果为一时的失去而耿耿于怀，三番五次地周旋于挽回的辛劳中，那么也许永远也走不出"失"的阴影，看不到"得"的危险。如此，快乐与幸福将永远与我们无缘。下面是一位离婚女士写的博客。

"你现在做什么呢？是不是已经结婚了，很快乐地过着自己的日子？我想了无数次要离开这里，离开这个伤心之地。但是我还有自己的责任，我必须挺住，直到最后一刻，直到佛陀召唤我的时候。多么希望那一刻早些到来，我可以微笑地走到另一个世界，微笑地看着你。能够每天看着你幸福地生活，我心满意足。

可是对于现在发生的一切，我没有一点挽回的办法，我的心在哭泣、在流血。佛陀，你愿意帮助我吗?我愿意付出一切,来实现自己那平凡的心愿,哪怕下辈子受苦⋯⋯"

这是一位有过 3 年婚姻, 最后被婚姻背叛的女性写下的一番刻骨的话语。3 年里,没有见过她的笑脸。而她也不能听到悲伤的情歌和与上段婚姻相关的消息。她说:"无论是闭上眼睛还是睁着眼睛,事情就好像发生在昨天,怎么也抹不去。"

就因为她始终走不出悲伤的情绪,让一段原本可以开始的崭新爱情在有可能来到的幸福面前戛然止步。

爱上她的是一个没有婚姻经历的小伙子。因工作接触,爱上了她的温柔和善良。

交往了一年后,小伙子向她提出回家见见父母,把婚事定下来。她却犹豫不决,虽然最后同意了,但那一天她还是失约,没有出现。

最后,小伙子只好黯然离开。

失去一段人生中最缤纷的感情,其伤害对于婚姻中的双方而言,也许都是刻骨铭心的。生活的点点滴滴早已深深印在记忆里。可人生不会因为离婚就终止,不能因为错过了就绝望,更不能因为无谓的挽回而损毁了自己一生的幸福。

世界上只有两种可以称之为浪漫的情感,一种叫相濡以沫,另一种叫相忘于江湖。而人生中最令人惋惜的莫过于,因为错过了一棵树,就错过了整片森林;因为摘不到一颗星星,就放弃了整片天空。等年华不再时才发现,因为错过一次,所以错过了所有。《卧虎藏龙》里李慕白对师妹说过一句话:"把手握紧,什么都没有,但把手张开就可以拥有一切。"

其实,这种对于失去而放手的心态又何止应在感情方面?生活中有太多不可挽回,更不必挽回的事物。苦苦贪恋一个不适合的职位,不但身心疲惫,而且还会让自己心力交瘁。因为力不从心,所以就要更加努力地扭转自己、适应岗位,努力去做自己难以承担但工作需要的事情。如此,倒不如面对现实,重新选择,给自己一个追求新目标的机会。

有一个青年从小就立志要当一名作家。为此,他坚持每天写作 500 字,十年如一日地努力着。可是多年的努力却并没有让他梦想成真,所有的手笔没有丁点变成铅字。

就在三十而立的前一年, 他总算收到了一封来自多年来一直坚持投稿刊物的信件,然而,却是一封退稿信。总编在信中写道:"虽然你很努力,但我不得不遗憾地告诉你，你的知识面过于狭窄，生活经历也显得相对苍白……但我从你多年的来稿中发现，你的钢笔字越来越出色……"

这位青年叫张文举，已是当代赫赫有名的硬笔书法家。对于如何成功，他的理解是："一个人能否成功，理想很重要，勇气很重要，毅力也很重要。但更重要的是，人生路上要学会选择，更要懂得放弃。"

人生于世，如果不懂得放弃不属于自己的东西，就不会珍惜身边的美好并拥有它。结果是，想要的追求不到，本来拥有的也失去了，从而变得一无所有。这正好应了那句话："人生最大的悲哀就在于，轻易地放弃了本该坚持的，却固执地坚持了本该放弃的。"

只有充分把握好执著与放弃的尺度，不过于强求，才有可能在不经意间找到真正适合并属于自己的东西。要知道，人生的风景并不是只有一处。当我们在为逝去的美景而哭泣时，眼前可能就是一幅更加绚丽的画卷。不要总沉醉于失去，不要总想着挽回。不放弃"得不到"的，又怎能注意到另一片天空？不放下过去，又怎会重获自由？

正确的放弃不是逃避与懦弱，而是一种知己知彼、审时度势的智慧。同时我们也应该明白，所有的开始都是美丽的，所有的结束也都是真实的。而一切震撼的心情，也许都只是我们走向泥潭的借口。人生犹如一部戏，每个人都是自己这部戏里的主角。然而，几乎没有人可以把自己的角色演到极致而不留一丝遗憾，没有遗憾的人生不是完整的人生。所以，当我们再被某些事情缠绕得心力交瘁之时，不妨告诉自己：只有放下，才能重获快乐和自由；美好的人生需要的，不仅是力挽狂澜的勇气，更要敏于放弃的大能。

失去也是一种获得

得与失从来都是相对而言的，没有绝对的得，也没有绝对的失。很多时候，得与失还可以相互转化。就像那个经典的"塞翁失马"的故事一样，丢了马好像是件坏事，可是又因此得到了更多的好马，又怎知不是另一种获得的福气呢？

我们经常说舍得，舍即失，得即获。之所以叫舍得，就是要先舍而后才能得。在生活中，我们每一个人时刻都在舍与得的选择中摇摆。只是更多的人总是渴望得到、渴望占有，从而忽略了主动的"失去"。岂不知失之东隅，收之桑榆，在失去的同时，往往就意味着获得。

懂得了舍得的道理，也就懂得了失去的真意。荣辱得失便都只是浮云缭绕，我们的内心也就更容易获得宁静的平衡，从而收获更多的快乐。

当我们还是孩子的时候，大人会教给我们一个道理：如果手里有一个橘子，那么千万不要在伙伴面前把它都吃掉。因为如果一个人把这个橘子都吃了，你吃的只不过是一个橘子而已；你得到的只是一种水果，除此以外，再无其他。

但是，如果你把这个橘子分开，和周围的伙伴一起吃，尽管表面上你只吃到了整个橘子的一部分，失去了绝大部分的美味，但实际上你却得到了其他同伴的友谊。等到以后别人有了水果时，自然就会想到你曾经分给的橘子，大都也愿意和你一起分享。如此一来，你会从这个人手里得到一个香蕉，那个人手里得到一个梨，另外一个人手上得到一个桃。在你得到更多不同水果的同时，也收获了更多真挚的友谊。

失去大半个橘子的同时，其实是得到了另一种收获的机会。那些橘子就像一个个友谊的种子，播撒在小伙伴的心里。等到这些种子生根发芽以后，等待我们的将是硕果累累的情义。这样的失去难道不比一味地固守或索取更有价值吗？

在自然界中，有太多不以得到为目的的付出，无一不体现着一个道理：失去，亦是另一种获得，甚至是更大、更深层次的获得。就像农人耕耘，其实并不一定单单只有一个收获的目的。其中，他们撒种、锄草、施肥、灌溉，俯仰于天地之间，挥汗于四季之时，作为一个农人的价值也就在此过程中得到了体现。当秋收的时候，田地里所长出的每一粒粮食实际上都是对农忙的一种褒扬和回馈。他们并没有一味地索取百亩田、千吨粮，只是天道酬勤，农田因感受到了他们的付出，那颗颗种子也就更有力地破土而出。这种收获亦是一种失去计较后潜心付出的惊喜。

但往往，人们在作出一项决策或付出某些努力之前，总喜欢权衡利害得失，这本是人之常情，无可厚非。但有些人却沉溺于一味地索取之中，或纠结于事情的结果，或斤斤计较于可能付出的代价，这就不免错失很多良机，或者使本该快乐充实的奋斗过程背上了沉重而痛苦的包袱。"不播春风，难得夏雨。"倘若总问收成，等价交换，结果只能是空无一物。

曾经有一位非常富有的财主，最大的毛病就是吝啬。他从来不和别人分享自己的财富，即使是对自己的妻子、儿女，也不愿轻易拿出一分一毫。就因为他把钱财看得紧紧的，从来不舍得给予他人，所以大家给他起了个外号——"铁公鸡"。

这个财主不仅吝啬，而且少言寡语，从来都不和别人说笑，更不愿把自己的心事告诉别人，总是一个人默默地躲在角落里。慢慢地，大家都疏远了他，没有一个人愿意和他多说一句话，因为确实也无话可说。

随着时间的流逝，财主老了，他逐渐感受到了一个人的孤独和寂寞。为了让自己快乐一点，他试图去改变这种局面，但是别人都已经习惯了远离他，所以一时间，财主根本找不到能够接受他的人。

绝望的财主想到了死。于是，在一个月光清幽的晚上，他来到河边想一死了之，却被一个远道而来的禅师拦住了。禅师一一询问原因，是不是儿女不孝？抑或与妻子关系不和，还是生活没有依靠？财主不停地摇头，表示都不是。禅师又问了他许多问题，财主还是一言不发，总是摇头表示否定。

最后,他终于开口了,他把大家对他的态度还有自己的苦恼说给禅师听,禅师也明白了问题出在了哪儿。

"现在你开心一些了吗?"禅师说。

财主点点头。

禅师又说:"你的开心是因为我分享了你的苦恼。所以,你现在会比较舒服一点。"

财主觉得很有道理,不禁向禅师请教。

禅师正色道:"你的苦恼是因为没有人分享你的苦恼,也没有人和你共享快乐。假如你能把你的快乐和财富和周围人分享一下,你同样也会感到快乐。你过去被大家疏远,是因为你把一切都看得太紧,不愿让别人与你分享。所以,你的世界会越来越小。要想改变这种局面,只有先从你自己做起。"

听了禅师的话,财主恍然大悟。他高高兴兴地回到家中,一改往日的吝啬和刻薄,不管是一杯"羹",还是一块"金",都乐意和大家一起共享。久而久之,大家终于接受了他。他的快乐越来越多,心情也越来越好。

吝啬的财主好像拥有很多财富,但是,除了这些财富,他就一无所有了,没有亲人的关怀,没有朋友的关爱,更没有生活的幸福。这一切的不愉快都是因为他不懂得"舍"的道理。当财主不再吝啬时,好像失去了一些财富,但他却得到了更重要的东西:精神上的快乐。

用拥有的东西去换取对我们来说更加重要和丰富的东西,这就是"失"的含义,也是我们生活中快乐的源泉。正如泰戈尔所说:"我们的生命是天赋的,我们唯有献出生命,才能得到生命。"摒弃一味索取,甘于失去,学会付出,我们就会拥有越来越多可以付出、可以分享、可以给予和可以帮助的收获。失去一点点,将来的获得才会更加恒稳;付出一点点,生命才会因充满了爱意而更显优雅。

↙

多得不一定就是好

中国有句古话：花未全开月半圆。凡事不能过度地充满，正所谓物极必反、水满则溢。一味地追求和索取，最终只会被表面的浮华所拖累。当拥有的超过了所能享受的程度时，就如同鸟翼系上了黄金，举步维艰。

倒茶不满、画图留白，都是一个度的把握，可见并非多多益善。在心无旁骛的不疾不徐中，方可体现对目标的唯一、对梦想的忠诚。然后，便自有所得。

生命的意义在于内心的丰盛，而并非外在的拥有。如果一味地索求无限的物质，最终只能像下面故事里的哥哥一样，困死于被自己裹挟的内心中。

故事的主人公是两个家境贫困的亲兄弟。两人受到天神的恩惠，被告知了一个秘密：在离家不远的东山上，将会在某一天的日出时分出现一个山洞，里面有取之不尽、用之不竭的金银珠宝，可以供他们随意拿取。但同时，兄弟两人还被告知，这个山洞会在日落时分自动闭合，并且永远不会再开。因此，他们必须在日落之前走出山洞，否则就会被永远地困死在里面。

于是，兄弟两人在日出时分每人手持一个袋子，走进了洞中。不同的是，哥哥拿的袋子要比弟弟的大好几倍。

哥哥见状，还一番好意地提醒弟弟：既然能得到这个恩惠，就说明上天有意眷顾我们。山洞里的财宝任由我们取，何不拿个大一点的袋子多装一些。而弟弟也劝哥哥不要太贪婪，更不能忘记最后的神谕：日落之前必须走出山洞。

哥哥对弟弟不领情反而还劝说自己感到很不高兴，便甩开了弟弟，自己一头走进了山洞。

很快，弟弟的小口袋便被装满了，他心满意足地准备出去。临走之前，他还是找到了哥哥劝说他要适可而止，并想拉他一起走。可是，哥哥丝毫不理会弟弟的忠告，还觉得弟弟是有意不想让自己拿到更多的财宝。

看着正在一点一点西落的太阳，弟弟情急之下准备去强拉哥哥。可是，由于哥哥的口袋太大，里面装的财宝太多，无论怎么使劲，弟弟也无法挪动。

眼看着西山顶上落日的最后一丝余晖马上就要消失，弟弟不得不快步跑向洞口。就在弟弟走出山洞的那一刹那，他看到太阳最后一条金边儿彻底落下去了。弟弟痛心地喊了一声"哥哥"，眼睁睁地看着山洞的门严严实实地合上了。他的哥哥带着满满一大口袋金银珠宝被关在了山洞里，永远没有出来的机会了。

当我们仍在苦苦追求大量的身外之物时，如果没有得到预期所想，就总是希望得到的多一些、再多一些。往往，人们总是羡慕自己没有的，所以便不加选择地疯狂敛取。然后，当我们拥有更多的时候，烦恼也会成比例地增加。因为，一旦拥有过多，便一个也不愿意舍弃，这个放不开，那个丢不下。生活中有太多的选择，有选择就有舍弃，所以我们会心酸、会痛苦，总觉得生活不如意。

实际上，我们很少想过自己所需要的是什么，又需要多少。当蓦然回首的那一刻才发现，自己曾经通过辛辛苦苦的努力和一点一滴的积累所拥有的许多东西，其实都不是自己真正所需的，如此便成为人生的负赘。

那么，无论这些负赘有着多么华丽的外表，我们都应当予以适度的舍弃，用减法来经营人生。在整个生命的历程中，对于我们真正有益的事情并不是获取更多的物质，而是有选择、有目的地剔除一些多余而繁冗的事物。这样，才能在喧嚣与躁动的时代中找到一片属于自己内心的宁静之所，很多事情才得以释怀。

40岁时，吉姆·特纳继承了拥有30多亿美元资产的莱斯勒石油公司。

在员工的印象中，他永远都没有紧皱眉头的时候。加勒比海的那次海啸，给公司的油井造成了1亿多美元的损失，而吉姆·特纳在董事会上依然谈笑风生："纵然失去1亿美元，我还是比你们富有10倍，因为我有多于你们10倍的快乐。"他的孩子在车祸中不幸身亡，他说："我有5个孩子，失去一个，还有4个。"

在刚刚接手拥有巨额资产的石油公司时，人们都以为新上任的总裁会大干一番。

然而，吉姆·特纳却组建起一个评估团，对公司资产做了全面盘点：以50年做基数，在资产总额中先减去自己和全家所需、应承担的社会费用，再减去应付的银行利息、公司硬性支出、生产投资等，最终发现还剩8000万美元。他从这笔钱中拿出3000万美元，为家乡建起了一所大学，余下的全部捐给了美国社会福利基金会。

人们对此大惑不解，吉姆·特纳说："这么多的钱对我来说反而成为了一种累赘，减去它就是减去了我生命中的负担。"

一直到85岁，吉姆·特纳才悄然谢世。他在自己的墓碑上留下这样一行字："今生令我最欣慰的，就是用好了人生的减法。"

我们向来认为，无论是对物质还是精神，都要不懈地努力追求、积累，似乎只有用加法营垒起的人生才会富有。其实，失去实质应用意义的富有只会变成一种拥塞和负担。

由此看来，很多时候并非多多益善。繁华退尽之后，最初的纯真梦想才会重新显现，而这时我们往往发现，人生所需不过种种，如返璞归真般，简单而又纯粹。在"欠一点"的状态下，才会有所留恋、有所期待，才不会在多多益善的得到中失去自我，也才能充分享受物我和谐、游刃有余的生活。

放弃之后，并非一无所有

对于放弃，自古以来就众说纷纭。有人说，放弃意味着失败；有人说，放弃了，还可以从头再来；有人说，放弃了，从此便一无所有；有人说，今天的放弃是为了明天的拥有。

但实际上，在成功者的眼里，只要生命不息，一切都有可能是新的开始，放弃甚至比拥有更重要。同时，一无所有也是一种财富，它让人产生改变命运的激情；一无所有更是一种资本，让我们拥有了无牵无挂、轻装上阵的心态。当环境把我们逼到不得不放弃时，不要怕，你并非一无所有；事实上，这更是一种"恩宠"，相当于上帝给了你一把挖掘宝藏的锄头。

一位大师让3个徒弟上山砍柴。临出门前，让3人凭借各自本领而争取一样"宝物"。大徒弟和二徒弟纷纷积极，分别拿到了一把雨伞和一根拐杖，以防天气有变或山路崎岖。只有最小的徒弟站在一旁一声不响，他放弃了这次拥有的机会。

师兄们都对小徒弟的做法感到万般不解，只有大师看出了小徒弟的心理，却含笑不语，只让3个徒弟赶紧上路。

傍晚时分，3个徒弟纷纷归来，都背回了两大捆柴。但大徒弟却被中午开始下的雨淋得浑身湿透；二徒弟跌得满身是伤；唯独小徒弟却安然无恙。

大师把3个人叫到了一起，3人见面后对彼此的结局都感到颇为诧异，不禁说出了各自的情况。拿伞的大徒弟说："当天空开始飘起零星小雨时，我因为有伞，就大胆地在雨中走；可当雨下大的时候，我却没有地方也腾不出手来撑伞了，所以被淋得湿透了。但当我走在泥泞坎坷的路上时，我知道自己手里没有拐杖，所以走得非常仔细，专挑平稳的地方走，所以竟没摔一个跟头。"

接着，带着拐杖的二徒弟说："正因为我带了拐杖，所以当走到沟沟坎坎的地方时，便毫不在意，没想到竟常常跌跤。但是，当大雨来临的时候，我知道自己没带伞，所以尽量拣那些能躲雨的地方走，身上自然也就没有怎么被淋湿。"

这时候，小徒弟才缓缓地说："这就是为什么拿伞的被淋湿、带拐杖的跌伤，而我却安然无恙的原因了。当大雨来时我躲着走，路不好走的地方我便格外小心，所以我既没淋湿也没有跌伤。"

大师仍然像刚出发时一样，慈爱地看着小徒弟，又转向大徒弟和二徒弟，对他们说："你们的失误就在于，自以为得到了可以依赖的优势，便觉得少了忧患；而你们的师弟却主动放弃了与你们争抢的机会，却也因此而格外注意，反而比你们完成得都好。"

在漫漫人生路上，总会面临无数的诱惑和选择。在这些诱惑面前，人的欲望便会被充分地激发出来。于是，人们总是企图更多地占有，以为自己拥有得越多，就会离幸福越近。即便占有的东西对自己来说并无大用，也不愿舍弃。

其实，放弃之后，并非一无所有。要知道，很多时候，我们占有的所谓优势越多，顾虑也就越大。人们往往并不是跌倒在自己缺乏的弱项上，而是在自以为有优势、决不会出任何问题的地方出了差错。因为弱项和缺陷常能让人保持足够的警醒，而优势则容易让人忘乎所以。在困境之中，大多数人都会下意识地、千方百计寻找救命稻草。然而，心理上的依赖情结越是严重，做起事来就越会马虎。更严重的是，也许困难最终得到了解决，可我们自己却从中没有学会任何面对困难、解决问题的经验，从而在依赖中错失了一次又一次有助于成长的好机会。

可以说，拥有的东西越多，开创新的事业时需要放弃的东西也就越多，不少人就难以割舍，从而空幻想一场。倒是放弃之后的"一张白纸"，反而是一种格外的"恩宠"。因为我们会发现，这种轻装上阵的心态本身就是一笔宝贵的财富。

一位旅行者要过一条大河，但是既没桥可走，又无船可渡。于是，他造了一排木筏安然渡到对面。

上岸后，旅行者心想：这一排排的木筏对我帮助很大，何不将它带走呢？结果，他背着重重的木筏，累得腰酸背痛，只好问计于空空大师。

大师说："过河时，筏虽有用；但走路时，就该放下。否则，它就成了累赘。"

旅行者听后犹如醍醐灌顶，马上丢下了木筏，轻松上路，开始了新的行程。

人的一生又何尝不是如此？我们曾以为重要而不可能放手的事情，也许随着时间的推移都会变得不再重要。鱼与熊掌不可兼得时，放弃的决定就该坚决，正如放弃了笨重的木筏，才能轻松上路，开始新的旅程一样。

所以说，放弃并不意味着失败，更非穷途末路，它是一种崭新的开始。放弃了心中难言的隐痛，我们才可以摆脱折磨；放弃了安逸舒服的工作，我们才能更好地挑战新的生活；放弃了暂时的利益，迎接我们的才会是接近梦想的天梯。人生就是在不断追求和不断放弃中进行的，只有放弃必须舍去的，才有可能拥有更多我们想拥有的。

美国第九届总统威廉·哈里逊小时候家境贫寒，他因此而常常被人们奚落或取笑。对此，哈里逊总是沉默寡言，人们甚至以为他是个傻孩子。

有一次，家乡的人拿他开玩笑，把一枚5分的硬币和一枚一角的银币放在哈里逊面前，然后对他说只能拿其中的一枚。哈里逊毫不犹豫地拿了那枚5分的硬币。从此以后，人们经常在哈里逊身上做着这个逗乐的"游戏"。

一次，一位妇女见哈里逊实在可怜，就问他："孩子，你真的不知道哪个更值钱吗？"哈里逊一脸严肃地回答说："当然知道。可如果我拿了一角的银币，他们以后就不会再把硬币摆在我面前了。那么，我就连5分的也拿不到了。"

哈里逊放弃了一角而只拿5分钱时，他得到的是以后许多个"5分钱"。"傻"孩子的智谋绝对不是小聪明的表现，里面蕴涵着更深的智慧。

由此，我们甚至可以说，放弃是由失败通向成功的转折点。很多时候由于客观条件的限制，一时难以实现最终的目标。这时就需要我们果断地放弃，用新的事物来填补。生活中有苦有乐、有得有失；放弃是主动的，失败是被动的。这种放弃决不是没有恒心和毅力的表现，而是一种正确积极的人生态度。该放弃的时候不放弃，就只能在固执的坚持中等待失败了。只有学会放弃，才会在生命的平衡中体味到人生的真谛。

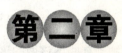

第二章
想要活得洒脱，就该有所为，有所不为

两千多年前孔子就认为，君子要"有所为，有所不为"。"为"与"不为"在于取舍，或叫选择。我们在谋划应该做的事情时，也应该对不能做的事有一种判断。

有为与无为就像硬币的两面，选择其一，势必要放弃另外一面。这会让我们不致背负太重、举步维艰，是一种更深层面的进取。在舍弃繁杂中选择"不为"，就是为了更好地成就"有为"。如此豪气与洒脱，方是谱写人生优雅身姿的序曲。

活着就是要有所不为

两千多年前孔子就认为君子要"有所为，有所不为"。"为"就是"做"，应该做的事必须去做，这就是"有为"；不应该做的事必不能做，就是"有所不为"。如果一个人对于有些不该做的事情别人都在做，而自己硬是不做，这才达成了一种境界，算得上是"君子"。

"为"与"不为"在于取舍，或叫选择。一拿一放之间，为人的洒脱与气魄便体现得淋漓尽致。善于放弃是一种境界，是历尽跌宕起伏后对世俗的一种坦然，是饱经人间沧桑后对人生的一种感悟，是运筹帷幄、充满自信的一种流露。只有在了如指掌之后才会懂得放弃并善于放弃，只有在懂得并善于放弃之后才会获得更大、更深意义上的成功。

所以，我们在谋划应该做的事情时，也应该对决不能做的事有一种判断和执著。如此的做事、做人方式才会让整个人生显得更加潇洒，让我们感知生活美好的神经更加活跃。

我国著名文学家林语堂先生的书斋名叫"有不为斋"。林先生对语言的精准把握让他很好地截取了"君子有所为，有所不为"这句话作为自己的书斋名，以提醒自己人生要学会取舍。而林语堂的一生，的确也是"有所为而有所不为"的。

林语堂曾说："写作的时候，也是我最快活的时候。"为了"最喜欢做的事"，他一生"有所为"于写作，对我国当代文坛起到了不可估量的作用。

为此，林语堂断然"不为"于做官。他不止一次地表明自己的想法：有的文人可以做官，有的文人不可以做。自己对官场上的生活是无论如何也吃不消的，一怕无休止地开会、应酬、批阅公文,二不能忍受政治圈里小政客的那副尊容。

有一次,蒋介石要给他一个副院长的职位,两人谈了好久。出来时,林语堂笑眯眯的,一脸释然的放松。

友人说:"恭喜你了,在哪个部门高就?"

他笑眯眯地回答:"我辞掉了,我还是个自由人。"

对此,林语堂曾经说过:"追求权势使人沦为禽兽。权势欲是人类最卑下的欲求,因为这种欲望伤人最深。"

林先生为什么不把书斋取名"有为斋",而刻意取名"有不为斋"呢?或许在他心目中,"有所不为"比"有所为"更重要,从某种程度上来说也更难做到。

这个世界充满着矛盾,大大小小的事情很多时候都会有正反两面。就像有为与无为,选择其一,势必会放弃另外一个。鱼与熊掌不可兼得,适时地放弃不仅会让我们节省更多的时间去做更有意义的事,还可以避免繁乱忙碌后的"竹篮打水"。为人处世中,只有抛弃不适合之处,才能显现出真正的杰出。

有所不为是一种豪气和洒脱,是为了更深层面的进取。对于整个人生而言,这样转身几近优雅。之所以举步维艰,是背负太重,之所以背负太重,是还未学会"有所不为"。忙忙碌碌、混杂不清,常常微笑着就置人于死地。

"如果不是当初罗谢尔夫人的那段话,也许我一直还处于'苍蝇乱转'的状态。"时至今日,已是斯坦福商学院教师的吉姆,在回忆当初自己刚毕业的那段日子时,仍然感慨不已。

那时,吉姆在斯坦福商学院研究生班学习,师从罗谢尔·迈亚斯夫人和迈克尔·雷先生。他每天都极尽拼命地工作,从早到晚忙忙碌碌。

后来有一天,罗谢尔夫人走到他的工作室,对吉姆说:"我注意到了,吉姆,你是个做事相当没有条理的人。"这话让吉姆既吃惊又感到些许不服气,不管怎么说,他也自认为是那种每到新年伊始就认真设定目标并且付诸行动的人。

可还没等吉姆开口,罗谢尔夫人继续说道:"你天生的旺盛精力使你做事不讲主次、没有条理,你每天过着忙忙碌碌的生活,而不是井井有条的和谐生活。那么现在,我给你布置一份作业:假设你明天醒来时接到两个电话,第一个电话说有一笔2000万美元的遗产由你继承，并且不需要任何条件；第二个电话告诉你得了不治之症，最多还有10年的时间。面对这两种不同的情况，你怎样重新理解生活的轻与重？更重要的是，你会不会做一些舍弃，有所不为呢？"

这个作业成了吉姆人生的转折点，他认识到自己确实有旺盛的精力，但是没有用对地方。而有所不为成了他制订年度计划的原则，这不仅帮助他理清了思路，而且还懂得了如何分配时间这一最宝贵的资源。

毕业后，吉姆在惠普公司找到了工作。虽然他非常满意这家公司，但并不怎么喜欢这份工作。而罗谢尔夫人给他布置的作业让吉姆认清了自己，使他明白了最适合自己的是成为一名研究人员而非一个商人。

于是，他停止了手中的工作，辞了职。最终，吉姆找到了适合自己的工作：他又回到了斯坦福商学院，有幸成为该院教师队伍中的一员，每天忙于各种研究和写作而乐此不疲。

对那些有悖于自己生活情趣和人生追求的事情，就要果断撇开，不让那些"不为"的繁乱干扰我们本该简单的做事方式。在舍弃繁杂中选择"不为"，就是为了更好地成就"有为"。

同时，人若以坦然洒脱的心境去工作、生活，即使艰难困苦，也会充满快乐。很多时候，放开"满把抓"的拳头，反而能让人更加清醒、更加专注。英国的文学家弥尔顿说："心灵是一个特别的地方，在那里可以把天堂变成地狱，也可以把地狱变成天堂。"不要用纷繁无章的做事方法蒙住了我们的双眼，捆绑了我们的心灵。生活是简单而又美丽的，只要我们学会有选择地放弃，懂得"有所不为"，就一定能全方位地欣赏这个美丽的世界。

承认自己有所不能

美国著名汽车公司福特汽车的创始人亨利·福特在回忆当初自己的管理方式时，感慨良深地说："没有一个人是无所不能的。如果当初我不及时改变想法和退出公司，也许福特公司就不会有这么大的发展。不管一个人的地位有多高，也不管他有什么样的成就，都会不可避免地犯这样或那样的错误，没有谁是无所不能的。"

的确，一个人的能力是有限的，认识并接受了这样一个事实，我们便懂得凡事不要苛求自己，该放弃时就放弃。如果非要把自己置于那些完不成的极限和遥不可及的高度，又怎能不心受折磨？尊重客观规律，辩证把握强弱；抱着一种顺其自然的心态去追求、去努力，有所作为的同时，也要有所不为。

在福特公司创立之初，公司很多技术都是由福特本人开发出来的，他也因此以技术而闻名。福特也认为自己无论是在企业管理，还是研发技术方面，都是无所不能的，似乎没有哪一部分能离得开他。

然而，在福特技术内部研究所里，整个公司技术人员都在为用"水冷"还是"气冷"冷却发动机而发生了激烈的争论。大部分技术人员都支持采用"水冷"来冷却发动机，但是福特却认为"气冷"是最好的，因此整个福特公司生产出来的汽车都是"气冷"式轿车。

没过多久，在一次美国举行的一级方程式冠军赛上，一位车手驾驶福特汽车公司的"气冷"式赛车参赛。一开始，福特汽车遥遥领先；但在第三圈的时候，由于速度过快导致车身失控，赛车撞上了旁边的防护栏后油箱爆炸，车手被烧成重伤。

此事引起了"气冷"式轿车的销量剧减。技术人员要求研究"水冷"式轿车，可此时的福特还是坚持研究"气冷"式轿车，以致公司的几名技术人员准备辞职。

"您是觉得您个人身兼数职重要，还是整个公司重要？"福特公司的副总经理感到事态严重，果断地找到福特。

面对这样严肃而直接的质问，福特惊讶地回答道："当然是整个公司重要了。"

"那就同意让他们去研究水冷引擎。"副总经理的毫不留情让福特猛然醒悟过来，明白了事态的严重性，也明白了自己一直以来大包大揽的角色错位。

于是，福特亲自召见了所有的研究人员，宣布公司以后技术研究的主要方向由他们决定，自己只是管理。紧接着，福特把当时想辞职的几名技术人员全部委以重任，自己也不再插手技术方面的问题，而转向了管理。

后来，公司的技术人员开发出适应市场的"水冷"式发动机，再加上福特先进的管理技术，福特汽车顿时销量大增。而这些技术人员的努力使福特汽车顿时成为汽车行业的品牌汽车。

就像福特事后感慨的那样，没有谁是无所不能的。只有正确地认识自己，才能有明确的发展方向，一个人如是，一个公司也不例外。"越位"的人生往往让人们总是抓狂于自己的苛求中，身心疲惫而沉重。让自己背负"超人"的角色越多，对苦闷的体验也就越敏感。

没有人是三头六臂、无所不能的，即使再优秀的人，如果不肯放弃"超人"的想法，不把事情分担给别人，也会被沉重的苦累压死。适当地休息，承认自己能力有限，才能真正从过度紧张的生活中解脱出来，过上松弛有度、安然洒脱的日子。

一位企业家事业有成，只是身体已濒临崩溃的边缘。于是，他找到一位有名的老中医，希望能给自己开些调理的药。

老中医在询问完他日常的工作生活情况后，只劝他多多休息。没想到却引来了企业家激动的抗议："那哪行！我每天承担着巨大的工作量，没有一个人可以为我分担啊！"

老中医问："为什么呢？难道没有人可以帮你处理文件吗？"

"不行呀！这些文件都是相当紧急而且重要的，只有我自己一份一份亲自批示，才能尽快地采取正确的决策。"企业家不耐烦地说。

"如果是这样,那么你的处方我已经给你开好了。"老中医不容置疑地说。

企业家欣喜地拿过处方一看,只见上面只写了两行字:每天散步两个小时,每周保证有至少半天的时间去一趟墓地。

对此,企业家怎样也无法理解,甚至对老中医的不负责任有些生气。他又返回诊室,质问那位老中医。

"之所以让你去墓地,是因为……",老中医不紧不慢地解释,"我是希望你四处走一走,看望一下那些与世长辞的人。他们生前也曾跟你一样,认为全世界的事情都得打包扛在肩上,如今他们却全都长眠于黄土之中。你要知道,有一天你也会加入他们的行列,但是地球不会因为你的消失而停止转动,而其他人则像你现在一样继续工作。所以,我建议你站在墓地前好好想一想这些摆在眼前的事实。"

至此,这位企业家恍然大悟。他依照老中医的指示,放缓生活的步调,并且转移一部分职责。从此获得了心灵上的平和与安宁,生活渐趋平缓,事业仍然保持蒸蒸日上。

有很多人都会或多或少地存在着这样一种心态:对自身缺乏全面而客观的认识,过分标榜某种能力,随意夸大自身能量,对凡事大包大揽。在设定了纷繁复杂的行动目标的同时,也就忘记了自己最初上路的目标。最后,追求"事事均为"的结果,往往只能是"事事无为"。

追求梦想本是一件极有魅力的事情,但请记住,你只是一个和芸芸众生一样再普通不过的人,不可能时时、事事都要体验、都要经历。与人无争,与己有求,但并无奢望。如此,便可放下许多的事情,让每天的生活闲不住,也累不着。剔除"不能"之后,沉淀下来的往往才是最有可能有所作为的方面。人生所要,不过是清清淡淡一碗饭,真真切切一路情。在此过程中,怀着心无旁骛的淡定与洒脱,很多事情便自然水到渠成。

放弃一个，将有更多的选择

茫茫尘世中，许多人碌碌一生，到头来却感到空空如也。究其原因，大多是由于每逢岔道口时，这个也想抓，那个也不放，总觉得自己可以在所有的方面都"有所作为"。或者，明明知道方向并不正确，却因不舍得放弃而坚持一条道走到底。

其实，生命并非只有一处辉煌，撞了南墙及时回头，也许就有"柳暗花明又一村"的景象。著名作家斯宾塞·约翰逊曾经说过："越早放弃旧的奶酪，你就会越早发现新的奶酪。"在这里，放弃就意味着新的发现、新的开始。

放弃的美，在于对这一个的割舍后，内心的期待随即便会转化成其他更广泛的希望，从而发现，原来在前面的道路上还有更多的选择。这时的放弃并不是逃避，而是对另外一种人生理想的追求；这也并非退缩，而是另外一个崭新选择的开始。放弃这一个的同时，便已经踏上了下一段的起点。对自己的生活进行重新定位，就需要放弃曾经所拥有的东西。明白的人懂得放弃，豁达的人懂得牺牲，幸福的人，便懂得超脱。自古文人雅士的飘逸，无不印证了这一点。

蒲松龄，清初山东人。自小志存高远，曾希冀通过科举功名而一展雄才。但由于当时科举制度不严谨，科场中贿赂盛行、舞弊成风，蒲松龄4次赶考都落第了。

官场上的落第没有使蒲松龄悲观失望，相反，他另辟蹊径，放弃从官之路，立志要写一部"孤愤之书"。他在压纸的铜尺上镌刻一副对联，上云："有志者，事竟成；苦心人，天不负。"以此自警自勉。

后来，一部文学巨著《聊斋志异》终于写成，蒲松龄自己也成了万古流芳的文学家。

蒲松龄虽然试举落第，与仕途无缘，但他找到了成就自己的另一条道路，在这条新开辟的方向上取得了成功，为后人留下了宝贵的精神财富。

由此可见，懂得并勇于放弃的人首先是有胆识和魄力的，能够审时度势、当机立断。同时，他们处世的智慧也成就了整个人生的洒脱。放弃无法实现的空虚梦幻，以免徒劳无益；放弃那些无法胜任的职位，以免心力交瘁；放弃那些没有结果的爱情，以免独自饮泣。范蠡就是放弃了助越灭吴后的荣华富贵，才能带着西施双宿双飞，过上自己平淡安逸的生活。试想，当年的范蠡如果也贪恋眼前的荣耀，不舍得放弃一时的荣华，也许兔死狗烹的悲剧就又会上演一次。陶渊明也是因为放弃了"五斗米"，才换来"采菊东篱下"的闲适，才有了自己"悠然见南山"的发现和惊喜。

我们大都认为人生而来世是要有所作为的，既如此，就更应该重视自己的存在。每个人的生命都是伟大而富有创造力的，只是我们常常忽视这一点。生活中永远不乏体验与成长的机会，即便身处绝境，也从来不会"绝人之路"。只是如果撞了墙，一味沉浸在过去的回忆里，那便只是虚度光阴了。

对于如何生活，最终的决定权都在我们自己手中，别人是无法取代的。如果此时此地的生活并不快乐，也不成功，何不果断地放弃而去另辟蹊径呢？有的人坚持着"矢志不渝"的思想，对"最初的梦想"仅仅抱有较为狭隘的忠诚。殊不知，如果从实际出发去权衡，已经发现了偏颇，又何必不放弃固有的执著，另寻他路呢？许多人之所以找不到正确的方向，是因为不舍得放弃，坚持一条道走到底。其实，每个人都有很大的发展领域。固守一处，只会让我们的信心消失殆尽，失去发展的机会，失掉可能有的成功。反之，如能审时度势地做出选择，那么也许不仅是对个人，对整个国家和民族都将起到积极的推进作用。

在中国被称为"东亚病夫"的黑暗年代，鲁迅抱着医学救国的热情东渡日本留学。然而，一次普通的观影课堂上，当他从屏幕上看到中国人被日寇砍头示众，周围却挤满了看到同胞被害而麻木不仁的中国子民的情景后，内心受到了极大的震动。他觉得"凡是愚弱的国民，即使体格如何健全、如何茁壮，也只能做毫无意义的示众材料和看客，病死多少也不必以为不幸的"。

于是，他毅然弃医从文，立志用手中的笔来唤醒中国民众沉睡的灵魂。从此，鲁迅把文学作为自己的目标，用手中的笔做武器，写出了《呐喊》、《狂人日记》等许多作品。不仅唤醒了无数同胞起来和黑暗势力作斗争，而且也成就了自己一代伟大的文学家、革命家的傲骨。

由此可见，人生并非只有一处辉煌。更多的，是需要做出有智的取舍和选择。审时度势之后，作出"有所不为"的决定，确立自己的生活目标和人生方向。而要想寻找到正确的方向，则必须从新的角度看待自己，重新找回自信。然后，我们便会在更多的选择中发现原来自身还有那么多值得欣赏、亟待开发的潜质。

对于如何生活、如何处世的思考，永远都不会太早，亦不会太迟。未雨绸缪，让思想尽情地展翅翱翔，飞得越高，望得越远。走出眼前生硬的疆界，放下现有固执的成见。现在就跨出新生活的第一步，对于过去的碰壁，大可不必耿耿于怀，是好是坏都让它过去，且看做一张白纸。在没有埋怨与不满的心态中，方能注意到许多微妙的层面，发展成功的机遇，拓宽视野，走向生命的开阔之处。

放弃等待，开拓未来

现实生活中，我们总寄希望于下一刻的未来，总觉得下一个未到之地会有更美好的风景。行色匆匆中，游览的目的似乎不再是欣赏风景，而是为了到达某地；到达之后也并没有完全融入和欣赏，又急切地赶往下一个地方。如此，我们的心永远处于无法安放的颠簸状态。

下一个景区、下一个假期、下一栋房子、下一份工作、下一个目标……我们匆匆走过此时此地，因为坚信"下一刻"的美好。下一刻就是我们看不到的未来。诚然，憧憬未来、心怀希望的确可以让人备受鼓舞，但只把眼光盯住下一刻而忽略这一时，是极大的空想和虚妄。我们正错失的这一刻也许就是期待已久的"下一刻"。最后，人们在实践中得出经验：只有一次次地放弃等待，才能真正走出困境。

大学里的一次雨中邂逅，男孩对女孩一见钟情，开始苦苦追求。不论男孩多么用心，始终都走不进女孩的心。

女孩喜欢上了一个出身名门、帅气风流的白马王子。因为女孩自身的优秀，"王子"对她也倍加喜欢。这时，仰慕她的那个男孩，便悄悄地退出了女孩的视线。

然而，白马王子并没有伴她一辈子。毕业后，"王子"去了国外，留下的是她无尽的相思和惆怅。即使没有消息，她依然等着远方看不到的"王子"。

这时，这个男孩又默默地出现在了她的身边，帮助女孩度过了难熬的日子。他问她："现在，我在你心里的位置是第几？"女孩告诉他，还不是第一。

男孩失望的表情瞬间用牵强的微笑掩盖了："没关系，我可以等，直到你心里有我为止。"女孩被男孩再一次的真情感动了，但是她知道，感动到底还不是爱。

女孩离开了这个城市，走的那天，留给了男孩一封信："给我 3 年的时间，这段期间我们都可以交朋友，如果心里真的离不开对方，我就回来，嫁给你做你的老婆。"男孩想，我会一直等你回来，做我的新娘。

在离开的日子里，女孩虽然心里还想着"王子"，却终究排遣不了寂寞而开始和另一个男孩交往。可这个男孩的花心却也让女孩突然明白，另一个城市才是自己的归途，因为那里一直有个人在等她。

随后，她拼命地朝着车站的方向跑去，原本如枯井般的内心早已因为男孩而充满了暖暖的爱意。一路上，她不停地对自己说："我要站在他的面前，大声对他说：我爱你。"想着想着，女孩的嘴角不禁流露出无比开心的笑容。

当男孩的门被打开的时候，女孩却看到他的身后站着一个眼睛很明亮的漂亮女孩，他走过来介绍说："这是我的女朋友。"

只此一句，女孩的大脑里便一片空白，她淡淡地笑着对男孩说："我出差路过这里，来看看你……"他还是那样温柔，可是不再是对她。

送她时，男孩说："这 3 年里我一直在等你，可是你连条信息都不回给我，我以为……"

她背过身，眼泪控制不住地涌出来。一个追了她整整 10 年的男人就这样失去了。

只因为她自己一直在等待着"王子"，等待一个原本不属于自己的人。最终，错过了一辈子的真爱。

真爱或许已经在身边，可我们却陷入了一场等待的漩涡中。时光匆匆流逝，没有谁站在原地等着谁。事实上，快乐也好，幸福也罢，都是一种感受，具有即时性。它并不是来自于几天、几月、几年的等待，而恰恰就是我们此刻所拥有的时光。身心所感的此刻，不仅是独一无二的，而且也是我们唯一能够把握的。未来只存在于想象之中，我们永远不知道下一时刻会发生什么。如此，对未来的空想真不如对现在的把握。

"为"与"不为"向来都是辩证统一的，在有所不为的另一面，就是要有所为。一味地等待而无所作为，只是把太多的时间和精力投入到期盼未来的虚妄世界里，庸庸碌碌终其一生。实际上，无论未来将会怎样，抑或过去曾经怎样，结果都是相同的：我们因为没有关注当下而错失了最真实的现在。

著名作家斯宾塞·约翰逊写过一本名为《礼物》的书，讲的是一位充满智慧的老人告诉孩子，这世上有一个特别的礼物，可以让人生获得更多的快乐和成功，可这个礼物只有依靠自己的力量才能找到。

于是，从童年到青年，这个孩子用尽所有的办法四处找寻，越拼命寻找，越感到生活得不快乐，而他生命中的礼物自始至终都没有出现。到后来，年轻人决定放弃，不再没有目的地追寻，而此时他赫然发现，苦苦寻找的东西原来一直在他的身边，这个人生最好的礼物就是"此刻"。

无论是怎样的想法，都如同人生的翅膀，插上了，才能够远翔。梦想经不起等待，尤其不能以实现另外一个梦想为前提。当我们拥有梦想并且可以为之努力的时候，就要拿出勇气和行动来，穿过岁月的迷雾，让生命展现出别样的色彩。梦想不在于有多遥远，而在于我们是否为了实现它而采取了行动。

天地万物自然循环，我们生活在这样的空间内，必然也遵循着生老病死、稍纵即逝的规律。历史不会为我们等候，生命的年轮也总随着日出日落而或辉煌或消逝，生活就在短暂的今朝，就在脆弱的此刻。世界变化如此之快，一不留神又是一片新的天地，我们等不来和想象中一样的未来。只有懂得在此刻有所作为，才会对未来有所改变。

洒脱，就是只做自己能做的事

每个人在做事的时候都会有自己的极限，即最大的承受能力。那些取得成功的人，不是因为他们的完美而辉煌，而是由于他们能够把握得住可为和不可为的界限而显得明智。"英雄就是做他能做的事"，在能做的领域发展，才会更加顺利；专注于此，成功便不再复杂，人生便不再纠结。

当行则行，当止则止，每个人都应该及时了解自己的能力和局限，并且承认自己的能力和局限。能够做到量力而为、恰到好处，就能使自己生活得更加自在，让自己有限的生命发出适度的光和热。

曾经有一位登山运动员，他参加了攀登珠穆朗玛峰的活动。当爬到海拔6400米的高度时，他的身体出现了严重不适，不得不停下来，返回了基地。

事后，许多朋友都替他惋惜，很多人说："如果能咬紧牙关挺住，再坚持一下，也就上去了。"

可是这位运动员却不以为然，他平静地说："不，我自己最清楚，6400米的海拔高度是我登山生涯的最高点。对此，我一点都不会遗憾。"

对于这位登山运动员来说，6400米就是他的极限和最大的承受能力，就是他攀登生涯中最高的高度。他懂得保存自己的实力，不参与无谓的纷争。该出手时全力以赴，却只做自己能做的事。谁又能说，这不是一位真正的英雄呢？

在生活中，只要我们尽己所能去拼搏了，即使没有包揽事事，却也收获了一份内心的充实与坦荡。无论在职场也好，商界也罢，发挥自己的最大限度、只做自己所能的人都会取得不俗的成绩，都会获得"个性化"的成功。

办企业的人可以获得成功，进行金融投资的人也可以有所收获。他们的成功来自于对自身实力的了解和把握。办企业的人没有去炒股，或者投资房地产，那是因为他们知道自己的能力范围是办企业，其他的领域就是他们极限范围之外了；进行金融投资的人没有去办企业，那也是因为他们只做自己能做的事。同时，不仅是个人创业能够成就一代英豪，给别人打工的人如果在自己擅长的领域发挥所能，仍然可以成为本行业内的英雄。

每个成功者在取得成绩之前，都需要调整自己的发展道路，这正是一个人懂得有所为有所不为的最好体现。要想做出满意的成绩或者取得人生的成功，首先要知道自己能干什么。了解自己的优点，了解自己的长处，然后才能制定出可行的目标与方向，不要做那些自己无能为力的事情。只要把握好自己的长处，把自己能做的事情做到极致，每个人都能在自己的生活中取得成功。

另一方面，成功的道路又是曲折的。往往，为了更好地认识自己，我们也需要经过很多次尝试，甚至是失败。只要没有灰心丧气，没有放弃坚定的信念，总有一天，我们一定会找到自己的长处，并将其充分地发挥出来。

巴菲特算得上是世界头号投资大师。在"《财富》500强"中的所有首席执行官里面，他是全球表现最佳的基金经理。他管理运作伯克希尔公司已有27年的时间，他是任职时间最长的一位首席执行官。

21岁的巴菲特学成毕业，开始进入了社会的大舞台。在27岁之前，巴菲特尝试过无数的工作，每个工作他都做了一段时间，但是每个工作都没有做出令人满意的成绩，最终他凭借自己对数字的敏感进入了证券投资行业，并将自己的职业发展转向成为一名投资家。

到了1994年底，伯克希尔公司已经拥有230亿美元，它已变成巴菲特的庞大的投资金融集团。如果谁在1965年给巴菲特投资10000美元的话，到1994年，他就可得到1130万美元的回报。很多人都说，谁若在30年前选择了巴菲特，谁就坐上了发财的火箭。

巴菲特的优点和长处是从小养成的。一直到他工作以后，他才能够严肃认真地对待自己的这些长处，并且将他的事业与之相结合。和众多成功者一样，他做了他能做的事,成为自己那个领域内的英雄。

在现实中,完美的人是不存在的,每个人都会有自身的长处与短处。打工女皇吴士宏曾说:"发挥长处,不克服短处!每个人的长处和短处都是与生俱来,对于领导者来说,没有必要去改造。"这看似偏颇的一句话却证实了一个不争的事实:好钢用在刀刃上,才能发挥其最为锋利的特性,其价值才能得到最大的体现。

众所周知,顺利的愉悦远比从逆境中崛起带给人更多的鼓舞。有时,我们标榜克服困难、挑战极限,从中体味英雄主义般超越自我的"悲壮"。但静心沉思,有时候是我们人为地把本来简单的事情"演绎"得复杂了。三百六十行,难道我们无法在任何一个领域里发展得较为顺利吗?挖掘并应用自己的长处,专注在顺利的事情上。在有所不为的选择过程中,量力而为,恰到好处,就能使我们生活得更加自由;专注于顺利的事情上,内心便渐渐地不再有纷争。以最简单的方式行驶出的轨迹便会显得是那样优化而洒脱。

放权,成就简单的管理

原通用电气首席执行官杰克·韦尔奇有一句经典名言:"管理越少,成效越好。"的确,这并不是悖论,而是蕴涵深刻道理的"管理圣经"。要想在人生各处活得洒脱,其中很重要的一方面便是工作。对于一个企业高管来说,必然要面对的,便是每天一睁眼所看到的许多亟待处理的事务。因此,懂得分而化之、学会放权便显得尤为重要。否则,不但整天忙得焦头烂额不说,最终得到的效果也不一定尽如人意。

管得少并不意味着管理的作用被弱化。效率管理,可能会产生不可估量的数倍效果。如果管理者能够恰当地放权,自己不但能轻轻松松地完成工作,而且还可以调动下属的积极性。这样一种对于权力的放弃,得到的是整个团队中其他成员的自我管理,或者说叫自我价值的创造，这是标准管理中极其重要的一部分。在现代社会中，这样的理念称为团队建设；而在古代，懂得放权的智慧也早有体现。《史记》中便有过这样的记载：

"子产治郑，民不能欺；子贱治单父，民不忍欺；西门豹治邺，民不敢欺。"

这其中的故事大致是说，孔子的学生子贱奉命到某地担任地方官吏。到任后，他不理政事，常常琴瑟和鸣，自娱自乐。可他所管辖的区域却是井井有条、民兴业旺。

这样的景象让上一任已卸任的地方官百思不得其解：想当初，自己每天起早贪黑，从早忙到晚，备感身乏心疲，可当地的市井也没有像现在这样安居乐业。

于是，上一任便专程前来请教子贱："我看你没费什么力气，怎么就能治理得这么好呢？"

子贱回答说："你只靠自己的力量去进行，所以十分辛苦；而我却大都是借助百姓们自己的力量去自治自理。"

实际生活中，像古代这种凡事亲力亲为反而不得要领的现象在我们当下的社会中也是屡见不鲜的。现代企业中，有些管理者往往喜欢把一切事务都揽在自己身上，事必躬亲，从来不放心把任何一件事完全交给手下人去做。如此，管理者整天忙忙碌碌，经常被公司的大小事务搞得焦头烂额，同时团队的运行节奏也因其一人独揽专权而繁冗滞后。

若深入分析可以看出，之所以有那么多"权力包身工"，无外乎有两点原因：一是不敢，二是不想。对于不敢之说，常发生在自主创业的管理者身上。他们往往对外聘的经理人心存芥蒂，总觉得终归是"不知根、不知底"，不放心将自己辛辛苦苦打下的江山移交到"外氏"经理人手中。尤其是本来家底就不厚实的中小企业，更是折腾不起，一旦出现失误，就有可能使企业陷入困境甚至走向死亡。而更多的企业管理者则是不想放权，对自己在企业中权威的看重，让他们往往害怕失去自己对企业经营管理的控制，甚至受制于掌握了大量市场资源的经理人。

但其实，死死握住权力不放，不但不能消除以上两点的担心，反而会让整个团队运作陷入越来越老化的泥淖之中。一个聪明的管理者应该像子贱那样，能够正确地利用部属的力量，发挥团队的协作精神。这不仅能使团队很快成熟起来，同时也减轻了管理者自身的负担。对于企业管理而言,"少"即是"多","舍"即是"得",放权,才能成就简单而高效的管理。在这方面,中国民营企业的"美的",算是一个放权极为成功的代表。

正所谓"下君尽己之能,中君尽人之力,上君尽人之智"。一个能够建立起高效而简明团队的管理者应该是这样的:10个人的时候,他走在最前面;100个人的时候,他走在中间;1000个人的时候,则走在后面。每个管理者都希望自己成为"上君"之才,放权就是管理者必须经过的"关卡"。

放权如同撒网打鱼,网撒出去了,是否能收得回来,关键看管理者手里能不能握住纲。一个企业的成长,无论是在法律环境这样"硬性"因素的影响下,还是在经济环境、市场环境这样"软性"因素的带动下,都无法摆脱企业最高管理者在创建初期所营造的处世方法。管理者在一定范围内的放权,必须是在其已经有信心能够用自己的处世哲学、企业文化来影响受权人按照自己的意图来处理某一问题,达到自己所希望出现的处理结果后的一种行为。

建立在如上基础上的放权,则是一种"该出手时就出手"的智慧管理,这势必会十分有利于企业日后的成长和壮大。在具体操作的问题上,作为管理者,要想创造出最大化的企业价值,就要懂得唯贤任用,将每个人的才能与潜力发挥到最大,切不可做权力的包身工。管理者只需在员工自主处理好每一件琐事后,进行最终的把关即可。如此将帅各尽其用,才能让企业中包括管理者在内的每一个人扬长避短;而管理者也才方能从琐碎的业务和日常性的事务中抬起头来,去审视更高远的战略。

↙

抓住离你最近的目标

人生如登山一般，必须抓牢身边的那块石头，借此再一步一步往上爬。这样，我们就可以在遇到行不通的路程时退回来，重新寻找更合适的位置，抓牢着力点再继续前进。

着眼于最近的目标，就是要放弃那些看似美丽却不切实际的奢望，做我们力所能及的事情。过高的目标对于一步一个脚印踏出来的人生之路来说，是没有任何意义的。只有把握好最近的目标，舍弃够不到的愿景，付出才能体现出它相应的价值。

从前，有一个蜗居在山脚下的小村落被一场罕见的洪水袭击得惨不忍睹：房屋几乎被冲为平地，许多人的生命也被无情的洪水夺去了。其中，有一个幸福的 3 口之家也是这场灾难的受害者：在洪水中，丈夫第一时间把手伸向了自己的妻子，而他们 8 岁的儿子却被洪魔无情地带走了。

起初，村里很多人对这个不幸的家庭都表示深切的同情，都纷纷前来安慰这对年轻的夫妇。但事情似乎渐渐发生了变化：有些人开始对那个男人的选择产生了疑问。在突如其来的洪水面前，丈夫选择首先去挽救妻子的生命，而放弃了他们的儿子。"即使两人感情再好，难道孩子在灾难来临的时候就应该成为被舍弃的对象吗？"围绕这一话题展开的争论，一时间充斥在山村里的每一个角落。

一个报社的记者路过此地，听说了这个故事后，顿时觉得这是一个很好的选题：如果只能救活一个人，究竟是该救妻子还是救孩子？爱人和孩子哪一个更重要？于是，他深入村中找到了那个男人。

"眼看着洪水冲过来的时候,根本来不及让我有任何过多的想法,妻子就在我身边,我们都不想失去对方,于是我就抓住她拼命地往山坡游。而当我返回去的时候,儿子就已经不见了。"男人又一次哽咽。

这时记者明白了,不是父亲不想救儿子,也并非丈夫眼里只有妻子,而是在当时的情况下,他只有能力去抓住妻子。记者最后安慰男人说:"请不要过于悲伤,毕竟你从洪水中还救回了你的妻子。"

抓住离你最近的目标,才有可能体现效率的价值。这个男人的选择是正确的,至少,救活一个比失去两个要好。面对洪水,他不存在着选择,他同时是一个深爱着妻子的丈夫,也是视儿子为至宝的父亲,二者缺一不可。只是,在还没来得及让他有时间考虑的时候,他已经伸出手去紧紧抓住离自己最近的妻子了。这是最为现实和明智的,同时也是最为有效的。如果他放弃妻子去救孩子,可能最后失去的就是两个人。

另一方面,在这个世界上,有太多"燕雀安知鸿鹄之志"的壮志难酬之人,他们未达成理想的原因就在于忽略了自己眼皮底下可以先做到的事情,放弃了手边最易实施的简单之行。总把自己的内心紧紧地绑在了那些遥不可及的高远之处,不但没有洒脱而言,反而把原本简单的事情复杂化。就像一位英国主教的墓志铭上所写的:"我年少时,意气风发,梦想要改变世界。当我年事渐长,发觉无力改变世界,于是决定先改变我的国家。然而目标还是太大,当我步入中年,我试图改变最亲密的家人。可没想到事与愿违,他们还是老样子。当垂垂老矣,我终于领悟到了一些事情:我应该先改变自己,再影响家人,也许下一步就能改变我的国家,再后来甚至就可能改造整个世界了。"

的确,如果一味地好高骛远,盲目地将眼光盯在虚妄的目标上,却忽视眼前的工作,只会让人疲于应付,最终一事无成。只有认真地做好身边的每一件事情,才有可能让所做的工作更加行之有效;只有从达成离我们最近的目的地开始,才有可能顺着人生陡峭的崖壁攀上高峰。而这,实际上也是一个去繁就简的过程,更是对一颗因捆在遥不可及的目标上而备感沉重的心灵松绑。

一个学企业管理的大学生,在校期间就一直有个梦想:希望将来能拥有自己的公司,自己当老板,成就一番事业。

毕业后,由于资金紧张,他只好和千万名毕业生一样,挤入了求职大军中。他想,凭着自己的能力，即使是打工，也必须找一个高级管理者的职位，比如副经理、经理助理的工作。

可是，匮乏的工作经验让这位大学生应聘了很多家招纳副经理职位的公司，却无一例外地被拒之门外。于是，他降低了标准，想找个中层管理干部的职位，如科长、处长之类。只是，因为同样的原因，仍然没有一家愿意聘用他。

一晃几个月过去了，看着同学们都已经拿到了第一个月工资的他，为了生存，不得不先找个能吃饭的地方。最后，费了九牛二虎之力才找到一份工作：办公室内勤，做一些分发报纸、端茶倒水、接电话的日常性杂活。

他感到异常失落，当天晚上去了班主任老师家，把这段时间找工作的情况及自己目前的想法一股脑儿地全都倾诉了出来。老师听完以后，对他说："你有远大的梦想，这很好。但有些梦想太遥远，是你现在抓不住的。最明智的做法就是，抓住离你最近的梦想，然后一步步向最遥远的梦想走近！"

老师的话给了他很大启发。第二天，他就去那家企业做起了内勤工作。半年以后，因为工作认真，他被调到业务部当了一名业务员。而后又由于业绩突出，一步步成为了业务部经理、主管业务的副经理。就这样，在短短的5年内，这位大学生积累了自主创业的经验和资金，终于开办起了一家自己的公司。

经过艰苦打拼，他的公司终于在市场上站稳了脚跟，成了业内知名的企业。而他本人，也成了一个资产过千万的成功人士。

梦想有大有小、有远有近。诚然，有的时候，彼岸之花仿佛显得更加幻妙。但我们更应清醒地认识到，只有离自己最近的那个梦想才是最现实的。犹太巨商大多是从最底层的工作开始做起的，有的做过卖报童，有的做过小商贩，还有的做过电焊工。但是，他们的一大共性是，不管做什么，都能耐心地将眼下的工作做好，在平凡的岗位中取得出色的成绩。

目标有远近，工作有繁简。我们可以梦想着成为比尔·盖茨，但不可能一夜之间就拥有比尔·盖茨的成功；我们的终极目标可能是洛克菲勒，但我们的起点也许只是一个勤杂工。抓住离你最近的那个目标，在放弃宏远的壮丽之美时，就是为自己去除了繁重的包袱，洒脱而行，一步一步走向成功的彼岸。

"用心一也"方能成就人生

要想成就一番事业，最需要的就是精力。然而，一个人的精力是有限的，真正的赢家会把精、气、神都集中于一点。正如通过放大镜观察物体一样：当物体不在焦点上时，影像就不够明朗，看起来便一片模糊；可是一旦对准焦点，影像就会变得十分清晰。

既然确定了去做一件事的目标和行程路线，就理应放弃其他有可能会偏离航向的选择。否则，精力分而散之，各个方面都有所涉猎却都只是蜻蜓点水，只能是毫无所获。

在自然界中，一切食肉动物在选择追击目标时，总是选择那些老弱病残的；而且目标一旦选定，便会舍弃其他目标，专注始终。也许连动物都懂得，如果同时兼顾一个以上的目标时，便会使精力有所损耗，从而使其他的目标更难达到，最终导致一无所获的结果。

在南美洲的亚马孙河边，青青的长草引来了一群羚羊，悠然地在岸边享受着美味。

岂不知就在这时，一只猎豹隐藏在远远的草丛中，竖起耳朵四面旋转。它觉察到了羚羊群的存在，于是悄悄地、慢慢地接近羊群。在越来越逼近的过程中，突然，羚羊群有所察觉，忽地一下四散逃跑。猎豹像百米运动员一样瞬时爆发，像箭一般地冲向羚羊群。它的眼睛死死盯住了一只未成年的羚羊，直奔而去。

虽然羚羊飞也似地奔跑，但仍然跑不过猎豹的腾跃。在这追与逃的过程中，眼看就要挨着羚羊群了，可猎豹却从一只又一只站在那里观望的羚羊身边跑过。它没有掉头改追这些更近的猎物，而是从头至尾都在使劲地朝着那只未成年的羚羊疯狂地追去。

最后，那只小羚羊终于跑累了，猎豹也累了；在累与累的较量中，最后比的就是速度和耐力了。终究，小羚羊的屁股被猎豹的前爪狠狠地抓挠了一下，小羚羊倒下了，猎豹朝着小羚羊的脖子狠狠地咬了下去。

如此，在自然界中有着高级属性的我们，又何尝不该借鉴一下动物们的这种智慧？荀子在《劝学》中说得好："蚓无爪牙之利，筋骨之强，上食埃土，下饮黄泉，用心一也。"古代棋艺高手弈秋教两人下棋的故事，想必我们早已耳熟能详。专心致志听讲的人肯定能够学到真本领；而一心想着顽射鸿鹄的人，能够学到一些皮毛就已经很不错了。做事的成败与难易，与底子的薄厚、力量的大小都没有决定性的关系。选择了"有所为"的一面，就要专心始终，排除那些纷杂繁冗的干扰，以最简洁的方式达成最终的目标。

戴尔·泰勒是美国西雅图一所著名教堂德高望重的牧师。20世纪60年代的某一天，他向学生宣布：谁要是能背出《马太福音》第五章到第七章的全部内容，他就邀请谁到西雅图的"太空针"高塔餐厅免费餐会。

这太空针高塔高185米，登上高塔餐厅可以一览西雅图的美景。另外，那里的甜点也是孩子们向往的美味，可以说那是每个孩子都梦想去的地方。但是要获得这个机会并非易事，因为《圣经·马太福音》第五章到第七章又称"山上宝训"，是《圣经》中的著名篇章，有几万字的篇幅，而且不押韵，要背诵全文有相当大的难度。

但是有一天，一个11岁的学生胸有成竹地坐在戴尔·泰勒牧师面前，以孩子特有的童音从头到尾一字不漏地把原文背下来，没出一点差错，而且到了最后，竟成了声情并茂的朗诵。泰勒牧师惊讶地张大了嘴巴。要知道真正的圣经门徒能背诵全文的也是少有的，更何况是一个孩子。

牧师不禁好奇地问："你是如何背下这么长的文字的？"

这个孩子不假思索地回答："我只是专心致志地去背。"

16年后，这个孩子成了一家知名软件公司的老板，他的名字叫比尔·盖茨。

在人生的道路上，外在的客观原因起一定的作用，但个人的主观努力却是最根本的。比尔·盖茨无论是对《圣经》的背诵还是后来他所取得的伟大成就，都得益于他懂得选择了"有所为"的同时也就选择了"有所不为"。比尔·盖茨的竭尽全力向我们揭示了这样的道理：一个人如果能够把全部的精力倾注在眼下正在做的这件事上，那么终究会取得优秀的成绩；相反，如果心中不专一、做事不专注，必会使他所有的快乐以及一切与他有关的变得不真实而终究荒芜一生。

歌德曾这样教育他的学生们："一个人不能骑两匹马，骑上这匹马，就要放弃另一匹。聪明人会把凡是分散精力的事情置之度外，只专心致志地做一件事，把它做到最好。"集中精力是一种明智的举措。因为，在一定时期内，一个人的资源和能量都是有限的，不可能样样精通。而琐事也同样会占据你的空间，消磨你的意志。心猿意马、见异思迁只能使人疲惫不堪，而如果把时间与精力集中起来，用在提高自身素质和能力上，则大大地增加了成功的概率。所以想要成功，就要将所有的精力投入到宏伟、重要并有价值的目标之上，并为此付出百倍的努力。

在某一时段内，如果一个人围着一件事转，最后全世界可能都会围着他转；如果一个人围着全世界转，那么最后他有可能会被全世界所抛弃。浅尝辄止、见异思迁除了让我们收获不到成功的果实，还徒增了负累我们身心的累赘。鱼与熊掌不可兼得，当我们要开始去做属于自己的"一件事"时，就应该全身心地投入其中，果断放弃其他的干扰或诱惑。如此，才能做到不浪费付出，不辜负努力，才能享受到更多成功带来的喜悦。

舍弃贪欲，修为净土

拥有，本该是一种原始而简单的快乐。但拥有得过多了，就会失去最初的欢喜，变得患得患失。

过多的欲望也许从短期的表面上来看，的确得到了一些；但事实上，从长远的发展而观，最终得到的都不会很多。想来，人之所以活得疲累，不是因为使之快乐的条件还没有攒齐，而是想要拥有的东西太多，哪一方面都不肯舍弃，从而成为痛苦的奴隶。

据说，蜈蚣在最初被造物主创造时并没有脚，但它仍可以爬得和蛇一样快。

有一天，它看到羚羊、豹子和其他有脚的动物都跑得比自己快，心里非常不高兴，便自我安慰似地念叨着："哼！有那么多的脚，当然跑得快了。"

于是，蜈蚣向造物主祷告说："造物主啊，我希望拥有比其他动物更多的脚。"

没想到，蜈蚣的这一请求不久后便真的实现了。造物主把许多只脚放在蜈蚣面前，任凭它自由取用。

蜈蚣迫不及待地拿起这些脚，不停地往自己身上贴，从头一直贴到尾，直到再也没有空间了，它才依依不舍地停止。蜈蚣心满意足地看着满身是脚的自己，暗暗窃喜："现在，我可以像箭一样飞出去了！"

然而，等它想要迈开脚步"狂奔"时，蜈蚣才发现自己完全无法控制这些脚。每一只脚都"各行其道"，要想让它们保持一致，蜈蚣必须要以百倍的精力去关注，才能使一大堆脚不致互相跌绊而顺利地往前走。这样一来，它走得反而比以前更慢了，而且还累得气喘吁吁。

佛祖说，满足不在于多加柴草，而在于减少火苗；不在于积累财富，而在于减少欲念。对于无止境的欲望，只有时时抱着"有所不为"的心理状态，才会有情趣去欣赏世界更可爱的一面，才会以更为洒脱的姿态来体会人世间的道义和善良，感受到真正的快乐与幸福。

人们经常用"人心不足蛇吞象"来形容贪欲无止境、人心不知足的现象。人们常说"欲壑难填"，一旦陷入欲望的沟壑当中，无休无止的欲望就会使人们变得倍加贪婪。贪婪的欲望经常会控制人们的思想和行为，使人在欲望面前不懂得适可而止，而且总认为自己的付出与获得不成正比，总是希望以最少的成本获得最大限度的回报。于是，为了满足自身的贪欲，为了求得心理上的平衡和欲望的满足，人们又会不停地索取、不停地追逐。就像《金鱼和渔夫》故事中的主人公一样。

很久以前，在蓝色的大海边，有一个破旧的茅草屋，那里住着一对老夫妇。他们生活困苦，老头整天以打鱼为生，老太婆则在家纺纱织布。

有一天，老头向大海撒下渔网，可是每次捕上来的都是些无用的水藻。当他一无所获，打算要回家的时候，他撒了最后一次网，幸运的是，他网到了一条美丽的金鱼。

没想到，这条金鱼竟用人的语言苦苦哀求起来："放了我吧，老爹爹，把我放回海里去吧。我会报答您的，以后您要什么，我都会帮您实现。"

老头有点害怕，打了一辈子的鱼，也没有见过会说话的鱼。他没有提任何要求，就把金鱼放回了大海。

老太婆看到老头空手回来，便埋怨老头没用。老头默默听完老太婆的抱怨后，把金鱼的事情告诉了老婆，却遭到了一番更加凶恶的指责："你是傻瓜吗，还是老糊涂了？竟然什么条件都没提？！要个木盆也好啊。"原来老头家的木盆坏得都不能补了。

老头就像做了错事一样，又走向蓝色的大海，冲着泛起波澜的海面呼喊着金鱼。于是，家里真的有了一个又大又漂亮的新木盆。

老太婆看到新木盆不但没有高兴，反而骂得更厉害，因为她还想要一座木房子。

老头无奈，再次找到金鱼。而后，他们家又真有了一座宽敞明亮的木屋。

即使这样，老太婆依旧没有满足，她变本加厉的要求越来越多。成为世袭的贵妇人居然还想做女王，真的成了女王还想做海上的女霸主，并蛮横地要求金鱼伺候她。

当老头再一次硬着头皮去找金鱼时，只见金鱼的鱼尾一划，便消失在茫茫大海中了。等老头回去见自己的老婆时，发现宫殿早已无影无踪，面前还是那间居住多年的破草房，老太婆还坐在草房前用破木盆洗着衣服。

这个曾经教育了几代人的童话故事再一次告诉我们：任何行为都要有个合理的尺度，贪心不足，最终只能一无所获。渔夫救了金鱼，获得一定回报是应该的。而老太婆最初对生活的要求也符合人的本性。然而，一旦这种索取超出了合理的界限，就会变成贪婪。在一味的索取中，只会失去得更多。

自古以来，对于舍弃贪欲、静心修为之事，早就有许多先贤的教导。《老子》第四十六章有言："祸莫大于不知足，咎莫大于欲得。"这句话的意思是说，灾祸没有比不知满足更大的，过失没有比贪得无厌更严重的。老子劝导人们要知足、要节制，实质上就是说要懂得合理安排人生的进退取舍，有所为、有所不为，使人生不致走向极端。对于生活的给予，如若知道感恩满足，便能获得快乐；对于自身的要求，如若知道适可而止，则能永远怡然自得。

为什么孩子们总是快乐的？因为他们的要求单一而纯粹，没有更多的"附加值"。对于一个喜欢吃零食的孩子来说，一座金山也不如一包糖果能令他快乐；对于一个喜欢在野外玩耍的孩子而言，一团可以变幻出各种玩具的黏土胜过满屋子的高级玩具。如此说来，快乐其实很简单，生活原本也没有那么多的烦恼。想想自己童年时是多么愉快，就会明白幸福的源泉在哪里了。

而对于现在已经长大成人的我们来讲，即使已经不再像孩童般单纯，即使已经有了许多的"附加值"，也不必烦恼，我们依然可以活得洒脱。只要记住："当欲望大于生命的时候，生命遭遇威胁则是必然的。"幸福其实很简单，放下那些沉重的精神枷锁，放下罪恶的贪婪。有为于舍弃，不为于索取，心灵的一方净土便还会回来。

虚名，乃是无谓的追逐

不知从何时开始，在这个社会中，鲜花和掌声就成为成功的附属品。而这些不切实际的荣誉的确能在不同程度上满足一个人的虚荣心。然而，当我们幻想着手捧花环、万人簇拥的时候，又可曾想到，没有辛勤的汗水，再怎么受人追捧吹嘘，也不可能换来丰收的果实。唐代著名道士吴筠有言："虚名久为累，使我辞逸域。"我们之所以活得累，很多时候，是因为追逐那些无谓的虚名与浮利。

美国文化精神领袖爱默生曾告诫年轻人，幻想成功、追求名誉无可厚非，但更重要的是脚踏实地的精神。他说："当一个人年轻时，谁没有空想过？谁没有幻想过？想入非非是青春的标志。但是，我的青年朋友们，请记住，人终归是要长大的。天地如此广阔，世界如此美好，等待你们的不仅仅是需要一对幻想的翅膀，更需要一双踏踏实实的脚！"

一位自称是诗歌爱好者的乡下小伙子特意登门拜访年事已高的爱默生，说明自己从小就开始诗歌创作，只因地处偏远，一直得不到大师的指点，因仰慕爱默生的大名而千里迢迢前来求教。

爱默生看到这位青年虽然出身贫寒，却谈吐优雅、气度不凡，便热情地招待了他。老少两位诗人谈得非常融洽，其间青年把自己的几页诗稿递给爱默生。一阵沉默后，爱默生认定这位乡下小伙子在文学上将会大有作为，决定凭借自己在文学界的影响而大力提携他。

果然，爱默生将那些诗稿推荐给文学刊物发表，并希望小伙子能继续将自己的作品寄给他。于是，老少两位诗人开始了频繁的书信来往。

青年诗人的信一写就长达几页，大谈文学，辞藻华丽，激情洋溢。这让爱默生对他的才华大为赞赏，在与友人的交谈中经常提起这位青年。青年诗人很快就在文坛中有了一点小小的名气。

但此后，这位青年再也没有给爱默生寄来诗稿，而信却越写越长。奇思异想层出不穷，言语中开始以著名诗人自居，语气也越来越傲慢。爱默生开始感到了不安，凭着对人性的深刻洞察，他发现这位年轻人身上出现了一种危险的倾向。通信一直在继续，可爱默生的态度逐渐变得冷淡，转变成了一个倾听者。

后来，在一次秋天的文学聚会上，老少两位诗人又一次相遇了。爱默生询问年轻人为何不再寄诗稿了。

"我在写一部长篇史诗。"青年诗人自信地答道。

"你的抒情诗写得很出色，为什么要中断呢？"

"要成为一个大诗人就必须写长篇史诗，小打小闹是毫无意义的。"

"你认为你以前的那些作品都是小打小闹吗？"

"是的，我是个大诗人，我必须写大作品。"

至此，爱默生有些惋惜，又有些无奈，只说了一句"我希望能尽早读到你的大作"便没再理会年轻人。

青年诗人完全没有听出爱默生的无奈，而是很自傲地说："谢谢，我已经完成了一部，很快就会公诸于世。"

在那次文学聚会上，这位被爱默生所欣赏的青年诗人大出风头。他逢人便侃侃而谈，锋芒逼人。虽然谁也没有拜读过他所谓的大作品，但几乎每个人都认为这位年轻人必成大器，否则，他怎么会得到大作家爱默生如此的赏识呢？

但事实是，在那年的初冬，爱默生收到了这个青年诗人的最后一封信，终于承认了之前畅想的所谓大作品完全就是子虚乌有之事。他在信中写道："很久以来，我一直都渴望成为一个大作家，周围所有的人也都认为我是一个有才华、有前途的人，当然我自己也一度是这么认为的。我曾经写过一些诗，并有幸获得了阁下您的赞赏，我深感荣幸。使我深感苦恼的是，自此以后，我再也写不出任何东西了。不知为什么，每当面对稿纸时，我的脑中便一片空白。我认为自己是个大诗人，必须写出大作品。在想象中，我感觉自己和历史上的大诗人是并驾齐驱的，包括尊贵的阁下您。在现实中，我对自己深感鄙弃，因为我浪费了自己的才华，再也写不出作品了。"

从那以后，爱默生就再也没有得到过这位青年的任何消息。

青年诗人为了满足虚荣心，一味苦苦地追求大诗人的头衔，却又不想脚踏实地地付诸努力，终究一事无成。可见，虚名只是一种无畏的追逐，它不但不可能把我们向成功的道路上指引，反而会让人堕入歧途。

诚然，几乎没有人不喜欢听好话、被颂扬的。那种如沐春风的幻觉让我们越来越不切实际地希望自己被拍成电影，画成油画，写进书里，裱在先进典型的框里，千古流芳。但是，浮生一梦，须臾而逝；我们只不过是"沧海一粟"的过客。每个人离去的时候，生前及身后的名声都将随即飘落。

如果一个人热衷于虚名的追求，那么他对于影响的关注就远远胜过事物的本身，终究会应了那句"图虚名，得实祸"的老话。虚名，终究是一个晃人眼的光环，一时耀眼却无法触摸，又何必为了一个没有实质意义的"虚头彩"而沉陷为名誉的奴隶？

居里夫人一生共获得10次各种各样的奖金，各种奖章16枚、各种名誉头衔共117个；但是，在这些至高的荣誉面前，她都能保持一颗平常心。

有一天，一位朋友到她家中做客，看到居里夫人的小女儿正在玩英国皇家学会刚刚颁发给她的一枚金质奖章，朋友大惊道："英国皇家学会的奖章怎么能给孩子玩呢？这可是至高的荣誉呀！"居里夫人看罢，便笑了笑说道："我只是想让孩子们从小就知道,荣誉其实就像玩具一样,只能玩玩而已,决不能永远守着它去生活,否则一辈子可能终将会一事无成。"

不仅如此,居里夫人还毅然辞掉了 100 多个荣誉称号。正是她始终能在荣誉面前保持一颗淡然的心态,才使她能够第二次获得诺贝尔奖。

的确,名誉只可在手中暂时把玩一下,所有的虚名都无法替代求真务实的拥有。而淡泊则体现了一个人的修养,是其精神的至高境界,是一种灵魂的典雅。

如此,就不要再等"虚名白尽人头"的时候才痛心于那些光环、泡沫的破碎。悠长岁月,纵有琐事烦俗,纵有劳碌奔波,也都不妨以洒脱之态淡然处之。简简单单地直面所有的来临和结束,闲看庭前,漫观天外。看淡虚名,一些更实在的东西才能被我们把握。把"虚名拨向身之外",无论浮华与劳碌,都保持一种恬淡悠然的心境。在这样的土壤中,性情才会被陶冶得如菊花般幽香,生活才会越过越洒脱。

第三章
为心灵找个家,幸福就在一念之差

人与人之间本没有过大的区别,造成差距的根本原因就是心态与角度。所谓境由心生,思维方式的差别,给人们带来的影响有时候就会大不一样,关键在于我们对幸福的本质认识。如何把握、如何调控,便如灯塔一般,修养着身心,指导着人生。

拿与放、黑与白、好与坏,这一切看似相对之物其实有时只是一线之隔、一念之差。如同硬币的两面,翻转过来,便是轻舞飞扬上天堂。

放下包袱，才能轻松上路

德川家康说过："人生不过是一场带着行李的旅行，我们只能不断向前走。在行走的过程中，要想使旅途轻松而快乐，就要懂得抛弃一些沉重的包袱。"的确，生命就是在一条单行道上的行程，有些记忆是不适合带着上路的。所以，我们要学会放弃，让自己轻装上阵。

如果我们希望人生旅程是快乐而轻松的，就尽快放下身上的包袱，丢弃那些多余的负担，丢掉那些旧的恐惧、旧的束缚、旧的创伤，放下任何"不值得"背负的东西。天使之所以能够自由地飞行，是因为她有轻盈的翅膀；一旦系上了黄金，也就不能再远翔了。

每天早晨，和大多数人一样，我们背着过去的包袱出门，直到入眠方休。到了第二天清晨，又再度背起昨天的包袱……就这样，生命越往前走，我们发现身上的包袱和负担就越重。这是因为，我们把每一个过去的昨天都放在背包里，把每一个阶段的是非、得失都扛在了肩头，这样的道路只会越走越沉。

一个年轻人从千里迢迢的山上来到海边，想到一个心中的圣地去。他驾一叶轻舟扬帆出海，劈恶浪、战狂风。虽经长途跋涉，但还是没能达到自己的目的地。

有一天，他靠岸休息时遇见了一位智者，便悉心求教："智者，我是那样执著，那样的意志坚强，长途跋涉的辛苦和疲惫难不住我，各种考验也没能吓倒我。我的鞋子破了；手也受伤了，流血不止；嗓子因为长久地呼喊而沙哑……我已疲惫到了极点，为什么还到不了我心中的目的地？"

智者听完后问他："你从什么地方来？"

年轻人回答："我从两千里外的山上来。"

智者看了看他的船后继续问道："你的船里装的都是什么？"

年轻人说："它们对我可重要了。第一个箱子里面装的都是我生活必须用到的东西；第二个箱子装的是发表过我演讲的报纸、接受采访的照片以及各种获奖的证书和奖杯；第三个箱子意义深刻，装满了我每一次跌倒时的痛苦、每一次受伤后的哭泣、每一次孤寂时的烦恼；第四个箱子更是无价之宝，那是些沿途获得的珍宝，件件都价值连城……靠着它们，我才能来到这儿。"

智者听完后淡淡一笑："你那些箱子大约有多重？"

"这我可没有仔细称量过。"

"那么，你的力气实在是太大了。你一直是扛着船在赶路吧？"

年轻人很惊讶："什么，扛了船赶路？它那么沉，我扛得动吗？"

智者这才正色地说道："你从那么远的地方背负了这么一大堆东西来，岂不有力？不就如同扛了船赶路吗？过河时，仅仅是船体本身有用；只有放下船上那些负赘的物品，才能轻松赶路呀。"

年轻人顿悟：是啊，何必总生活在已经过去的回忆中？于是，他先把第三个箱子丢掉了，顿觉心里像扔掉了重石般轻松。赶了一段路，他又想："以前的辉煌也并不能说明以后啊！"便扔掉了第二个箱子，船行得又快了一些。继续赶路后，他想：得到智者的至理名言不就是最好的无价之宝吗？所以，年轻人又把千辛万苦得到的珍宝全部扔到了海里。

这时，年轻人发觉船的行进速度达到了从未有过的时速，目的地近在咫尺。上岸后，他的步子也轻快了许多，这才明白，生命原来是可以不必如此沉重的！

生命就是一次长途的旅行，只有勇于舍弃那些无价值的、多余的东西，才能让自己获得轻松和快乐。在生活中，我们是否检查过自己有形或无形的"背包"呢？自己的背上扛了多少无价值的、不必要的包袱？又准备还要背负多久？

生命之舟需要轻载，如果行李太多，它将不堪重负，甚至有翻船的危险。卸下不必要的行李，轻装上阵，我们才能更加快速、顺利地到达成功的彼岸。

事实上，过去的已经过去，历史不能重新开始；为过去哀伤，为过去遗憾，除了劳心费神、分散精力之外，没有一点益处。俗话说"覆水难收"，漫漫人生是不可逆转的，当然也无所谓重新选择的机会。也许生命里曾有过失败和伤痛，或许前一段旅程中充满了鲜花和掌声，但这所有的一切都只是过去的演绎；若沉湎其中，只会耽误了当下的生活。

她生性怀旧，细腻而敏感，总喜欢收藏生活中的点点滴滴。结果泥沙俱下，日积月累，从一根杂草到丛生的荒芜，以致难于呼吸、难于视听，颇有不堪重负的感觉。

每当此时，亲朋好友便总会开导她："不能让自己总纠缠在昨天的回忆中，你应该走出并清空心灵的阴影，去涉足那清新奔流的小溪，活出一份新鲜与明丽。"

后来她发现，当一个人真能清除烦恼和痛苦、记住快乐和幸福时，便会突然感到原来人可以活得这样轻松、这样自在、这样潇洒；生命的美丽和精彩是那样简单而朴素。

人生本来就是一个不断选择与放弃的过程。放弃得当，是对肩上包袱的一次清理，丢掉那些不值得带走的包袱，才可以简洁轻松地继续走着自己的人生之路，才有可能步行高远，看到更美丽的风景。

很多时候，当我们或是沉醉于过去成功的喜悦中，或是深陷于昨日失败的阴影时，翌日的太阳就已经在对着我们微笑了。也就是说，恰恰是眼下正在经历的，是我们能力范围之内唯一可以把握的。放下不必要的，抓住能抓到的，便会觉得无论是快乐也好、成功也罢，仿佛就不再那样遥不可及、高不可攀，就会觉得这些我们向往已久的心愿其实都近在咫尺般简单易得。

请记住这样一句话：你虚度的今天，正是昨天死去的人们无限向往的明天。所以，不要把应该有所为的今天徒然消耗在有所不为的执念上。如此轻装之时，方是攀登更高山峰的洒脱之始。

可怕的不是压力,而是不会放下

随着物质生活水平的提高,人们越来越感觉到生活节奏的不断加快。随之而来的便是沉重的压力,以及压力产生的一系列不良反应。很多人都感觉活得越来越压抑,越来越没有自己的空间,甚至有人感觉到压力有时让自己变得窒息。

我们不禁要问:压力到底源于何处?答案自然会有千千万,有人说压力来源于孩子太小需要照顾,有人说子女升学、住房问题没有解决让人备感重压,还有人说物价上涨、工资太低、工作繁重、竞争激烈,等等,都是压力,压力仿佛无处不在。

但事实上,在日常的生活和工作中,很多看似沉重的东西本身其实并没有多少分量,而是我们人为地给自己身上添加了额外的砝码。

很久以前,在一个方圆几十里的大村落里,人们过着自给自足的幸福生活。

突然有一天,临空响起一声闷响:"明天中午这里将飘过一片红色的云彩,云彩过后会带走99个人的生命。"

村里的人们陷入了无限的恐慌中。

次日,当天神巡视的时候,意外地发现一夜之间这个村落中竟然死了1000多人!天神见状,便改变了初衷,红云最终没有飘过,可是村庄里却消失了那么多人。

其实,村民们哪里知道,红色的云彩是祥云。当红云飘过的时候,村落里的每个人都会增加99年的寿命。

可见,有时人因为压力而感到忧虑,其实并非真正的压力所致,而是自寻烦恼。人为地夸大压力,甚至会让人丧命。

或许这个故事有些夸张，但是它告诉我们，在生活和工作中有许多压力是毫无必要的。面对种种压力，很多人陷入了无助的恐慌当中，心情也开始莫名地烦躁。于是，我们上班的时候会听到有人告诉我们，注意一下情绪；回到家，会听到爱人说：请不要把情绪带回家。人们经常为了工作而工作，为了事业而事业。面对压力，他们很少想干工作与事业究竟为了什么，他们被压力蒙住了双眼，忘记了忙碌的初衷。

在人生的旅途上，考验人耐力的暴风雪会经常来袭。要想经受住种种压力，一方面要学会抗压的艺术，该伸则伸、该屈则屈、该进则进、该退则退；始终从容不迫、游刃有余地张弛命运之簧，弯而不折，曲而不断。另一方面，要懂得在承受不了的时候适当弯腰，放下那些带给自己无尽压力的事情。就像大自然中的雪松一样，每到雪花逼近时，那富有弹性的枝丫就会弯曲，使雪滑落下来。无论雪下得多大，雪松始终完好无损。

的确，人们终日被压力所累，却没有想到，放下压力就是解决压力的最好办法。

一个被压力所困的年轻人找到大学时期的心理学老师，希望老师可以告诉自己如何正确对待压力。

老师递给他一杯水，问道："你说这杯水有多重？"

年轻人有点不屑地摇摇头，说："很轻，也就20克。"

老师没有再多说什么，而是一直让他举着。过了一段时间，又问："重吗？"

这时，年轻人感觉举杯子的手已经有些酸痛了。他换了一下手说："感觉很重，好像有500克。"

从20克到500克，两次回答，悬殊竟然这么大。

老师说："其实杯子的重量没有发生任何变化，变化的是时间。同一个杯子，举的时间越长，你感到的分量就会越重。"

年轻人若有所思地听着老师的话："倘若我们总是将压力扛在肩上不放，压力就像水杯一样，会变得越来越重。早晚有一天，我们将不堪重负。而正确的做法是，放下水杯，休息一下，以便再次举起它。"

年轻人这才恍然大悟：勇于放下压力，才能让自己一身轻松。

放下压力不是在向困难低头，也并非是向命运妥协，而是为了更好地应对更高更大的挑战。如同弯弓为了更有力地射箭一样，放下压力是一种至高至善的人生艺术，必须潜心修炼。

在生活中，我们只有学会放下压力，才能使我们有时间养精蓄锐、焕发精神，迎接生活中的每一次挑战。每每结束一天的工作下班回家时，本来就已经很疲惫的心，为什么还要再刻意紧绷呢？不如把工作中的压力暂时抛到一边，泡一杯咖啡、听一张 CD，慵懒地陶醉在光影婆娑的傍晚。浮浮人生一路忙，"偷闲"便是一种放松的状态，也是一种符合自然规律的调适方式。

即使在工作中，休闲与认真做事也并不矛盾。美国著名心理咨询专家理查德·卡尔森在他的《让事情更简单》一书中建议：每天度个"迷你假"。他这样写道：

"在上班时给自己一个短暂休憩的机会，不论你在这个'迷你假期'做些什么，都会对你大有益处的。那是你的特殊时间，如果可能的话，请让它变成生活中不可或缺的一种习惯。你或许想找朋友喝杯咖啡、吃顿午餐，清晨一起去散步，或一个人上网、跑步、看日出、遛狗、静坐冥想，等等，只要做任何能使你放松的事情即可。'迷你假期'不仅能帮你减压，还是调整身心的重要枢纽。"

关键在于，要能做到"拿得起，放得下"，工作时就全身心投入，高效运转；休息时就充分放松，把工作完全放在一边。不要在工作时对登山观海总是牵肠挂肚，而真正有时间闲下来的时候，又无所事事。对此，某著名学者说："生活的艺术，其方法只在于微妙地混合取与舍二者而已。"至于如何混合，就要看我们是否能把握好生活的尺度了。或者，"常行于所当行，常止于不可不止"应该算是一个不错的方法了。

总而言之，生活中的压力并不可怕，可怕的是不会放下压力。当我们不能承受背上的重负时，不妨学着把它放下。如同雪落枝头，柔韧的树枝弯一下腰也就把雪的重量放了下来。放下之后，我们才能更好地迎接生活的挑战。面对压力，敢于说不、勇于放下，这才是洒脱生活的真谛。

从此刻开始，放了自己

禅宗第六代祖师慧能那首著名的偈语："菩提本无树，明镜亦非台。本来无一物，何处惹尘埃。"这是一种何等空灵透彻的人生境界。

也许在现实生活中，我们一时还无法企及至如此层次，但至少应该参透"天下本无事"的道理，做到不要"庸人自扰之"。当我们在感慨被烦恼包围了的时候，也许从未曾细细想过，生活本来无意与我们作对，和我们过不去的一直是自己而已。所谓的烦恼，大都是人们无故寻愁觅恨，从而捆绑住手脚的无形网罩。事实上，生活中99%的烦恼根本都不会发生。如此说来，解铃还须系铃人，能给自己心灵"松绑"的，也只有我们自己。

一个年轻有为的男子已经有了令人美慕的一切：能够从中获得成就感的事业、拥有健康身体的父母、温柔体贴的妻子……可他整日却心事重重，总说体会不到快乐的感觉。于是，男子毅然放下了手中的一切，四处去寻找解脱烦恼的秘诀。

有一天，他来到一个村落的山脚下。只见一望无边的稻田中，一位牧童骑在牛背上，吹着横笛。笛声悠扬，逍遥自在。

年轻的男子不禁走上前去询问："你看起来很快活，能教教我有什么方法能解脱烦恼吗？"

牧童欢快地说："来，和我一起骑在牛背上。笛子一吹，什么烦恼也没有了。"

这个年轻的男子试了试，心中仍然低沉郁闷。于是，他又继续寻找。

后来，男子来到一条河边，看见一位老翁坐在柳荫下，手持一根钓竿正在垂钓。老人神情怡然，自得其乐。

于是，男子走上前去鞠了一个躬："请问老翁，您能赐我解脱烦恼的办法吗？"

老翁看了他一眼，慢声慢气地说："来吧，孩子，跟我一起钓鱼，保管你没有烦恼。"

年轻男子又试了试，还是不怎么奏效。

无奈中，他只得再走下去，继续寻找。不久，他来到一个山洞里，看见洞内有一个老人独坐在洞中，脸上浮现出平和而安然的笑容。

年轻男子作了作揖，向老人说明来意。

老人微笑着摸摸胡须，问道："如此说来，你是来寻求解脱的？"

男子赶忙上前应和道："是啊。我已深受其苦，却一直久无良方，还望前辈不吝赐教啊！"

老人半晌不语，然后抬起头对男子笑笑："那么你跟我说说，是有谁捆住了你吗？"

男子回答："……没有。"

老人说："既然没有人捆住你，又谈何解脱呢？"

生活中，我们难免受到伤害，但唯一能决定我们要痛苦多久的只有自己。往往，被伤害过一次，却在心中一而再、再而三地迟迟不能放下，实际上就已经像被伤害过千百次似的了。再多的气愤、怨恨，到头来痛苦的本源还是自身。快乐也好，幸福也罢，其实往往都只在一念之差。如果没有我们自身情绪的"支持"，没有徒加给自身的痛苦，那么所谓的伤痛又怎么会继续存在呢？

快乐的人前行，口袋里装的都是祝福；疲惫的人前行，口袋里装的都是烦怨。同样都是一条路走过来的人，只是快乐的人会把那些不必在意的庸扰丢掉，而疲惫的人却选择了捡起。这样的人生性过于敏感，以有思想、爱思考而自得；喜欢漫想，同时也喜欢把简单的事情想得过于复杂，让自己的心中盛满了太多本不应该有的东西。不知不觉中，烦庸复杂的琐碎一圈一圈缠绕住了身心，直至把自己弄得动弹不得。这样的人生，活得多么劳累。

维特总是充满了对现实的不满，他总在不断试图发掘新的事物来忘却自己的烦恼，却不自知地陷入另一桩烦恼之中。

他出生在一个较富裕的家庭，受过良好的教育。但即使有着这样的物质生活条件，维特还是觉得自己不幸福。为了排遣心中的烦恼，他告别家人来到了一个偏僻的山村。

在那里的一个舞会上，他认识了绿蒂，并且爱上了她。但是绿蒂已经订婚，等她未婚夫回来的时候，维特才发现自己就像个小丑似的尴尬。他叹息命运的不济，最终在朋友的劝说下离开了心爱的绿蒂。

维特为了摆脱伤心地，又远走他方，在公使馆当了一名办事员。这在许多人看来已经相当不错的工作，维特却因为受不了别人对他工作的吹毛求疵和嘲笑，一气之下辞去了公职。

就这样，他总是飘忽不定，不知道自己接下来该去做些什么。所以，一个又一个新的烦恼接踵而至，直至最后用自杀结束了一切。

的确，很多时候，所谓的烦恼大都是我们自己想象出来的，也或者是因为太不知足。没有人捆住我们，也就无所谓解脱。有些东西只是我们无故寻仇觅恨、为赋新词强说愁而已，就像少年维特一样。穿着鞋的人总是不满足自己没有穿名牌的鞋，但却忘记了至少自己不是光着脚，应该值得庆幸和高兴。人生不如意之事十之八九，有的烦恼明明就是凭空给自己的捆绑。

如此说来，要想获得身心的轻松，并实现内心真正的愉悦与安详，关键在于我们怀着怎样的方式去思考，抱着怎样的心态去生活。九九归一，是一种返璞归真的卸载与清零。只有卸去诸如消极虚伪的思想、懦弱偏执的个性、自暴自弃的心态这些心灵包袱，并用善良的天性和积极的姿态去弥补某种空虚时，才能纯净而轻松地享受生活。当我们用内心的慈善、勇气、高尚和真诚等美好的品质取代压迫心灵的种种负担之时，也就等于给自己"松了绑"，同时，更是实现了身性的纯净和人格的升华。

一念起，万水千山；一念落，沧海桑田。放下不如意，就能轻松地放下自己，怀揣一颗平淡从容的心去享受生活。幸福，就在一线之间。

忘记失败,才能获得成功

漫漫人生路上,失败可谓是伴随我们全程的"必修课"。只要有奋斗,就一定有或大或小的失败:第一次学走路,迈出的第一步是摔倒;第一次参加比赛,以没有入围而终;第一次谈恋爱,却以分手告终……当年的这些失败,被有的人征服了,被有的人遗忘了。

的确,失败的事常有,但人们不能沉沦于失败的打击中一蹶不振、无法自拔。如果不能从失败的痛苦阴影中走出,那么也许将永远没有重新开始奋斗的勇气。面对失败时的心态其实很简单,它只是让我们排除了又一个不成功的原因。忘掉失败、敢于向前的人,必是心胸宽广、眼光高远的人,他们会将暂时的放弃当成更进一步的阶梯,为发展积蓄能量,为成功奠定基础。这样的人心中总有一股强大的信念,在任何情况下都能坚持自己的信仰,把握人生的方向。也只有这样,心灵才不会过于承担重负,才会以轻灵的身姿舞动在通往幸福的路上。

英国《泰晤士报》前总编辑哈罗德·埃文斯一生中曾经历过无数次失败,其中包括他在 20 世纪 80 年代中期对《泰晤士报》进行改革的失败。但他却从未在失败中沉沦。对于失败,他曾经说过这样一段话:

"对我来说,一个人是否会在失败中沉沦,主要取决于他是否能够把握自己的失败。每个人或多或少都经历过失败,因而失败是一件十分正常的事情。你想要取得成功,就必须以失败为阶梯。换言之,成功包含着失败。关于失败,我想说的唯一的一句话就是:失败是有价值的。因此,面对失败,正确的做法是:首先要勇于正视失败,找出失败的真正原因，树立战胜失败的信心，然后便忘掉关于过去失败的一切，以坚强的意志鼓励自己一步步走出阴影，走向辉煌。"

这个世界上没有人不曾失败过，不是一些人，也不是大多数人，而是每一个人都体会过失败的痛苦与挣扎。本田公司创始人本田在他的传记中就曾这样写道："我的人生就是失败的连续。"

然而世事茫茫，人与人之间的差距就在于面对失败时的心态。要记住，正如成功一样，任何一次失败都只是暂时的，不要让过去式的无法改变影响到我们明天的生活。被称为"领导力大师"的沃伦·本尼斯在撰写其最负盛名的著作《领导者》时发现，无论是政府、民间还是非营利领域的领导人，他们都有三四个共同的特性，其中之一便是：每个人都曾犯过严重的错误，然后反败为胜。

沃尔玛前首席执行官戴维·格拉斯在评说沃尔玛创始人山姆·沃尔顿时也曾经这样说："山姆有件事真的与众不同，那就是他不怕犯错，不怕把事情搞得乱七八糟。到明天早上，他又会转移到新目标上，从不浪费时间去回顾过去。"

想来，是失败使他们看清了在通往目标的道路上必须加以征服并超越自我，每一次失败后的重生就是为了最终的胜利而排除了又一个否定的因素。如此看来，特大的失败是迈向特大成功的唯一先决条件——前提是放弃对前者的注意力，从而转向后者。

不能忘掉失败，就如同摔倒了不是拍拍尘土继续前行，而是站在原地怨恨眼前的绊脚石，并长久地因为疼痛而不敢再迈步，正所谓一朝被蛇咬，十年怕井绳。他们把败局看得很复杂，前思后想地反复琢磨，无形中让失败时沉重的心理阴影一次又一次地遮盖住未来的天空。从而在潜意识里，就真的牵引着他们不知不觉地重复着失败的老路。

失败是一件无可奈何的事情，但最不幸的还不是失败，而是受到它的阴影影响，莫名其妙地走入厄运的循环，如同身附某种无法摆脱的魔咒。而这种魔咒的力量其实就来自于我们自己内心深处不安的心魔，无法放弃过往，无法摆脱阴影。一味地在失败的回忆中徘徊，就注定了我们必将在里面扑空，而生命也就在这徒劳无功的纠缠中悄悄流逝。

忽略过去，当做什么也没有发生过，是因为我们内心有着笃定而唯一的目标。我们眼中只有两个点：现在自己所处的位置和最终的那个目的地，如此简单而已。两点之间直线最短，放弃一切烦扰，这其中就包括过去失败的杂念。只要从中认真总结经验教训，尽量避免在今后犯同样的错误，那么未来的辉煌就从来不曾离我们远去。只有忘却失败的痛苦，才有力量重新鼓起奋斗的勇气。如此，在重新起步的同时，我们便也享受到了最轻松的行进过程。

放下对成功过多的渴望

有一种烦恼叫自寻烦恼，而令人意想不到的是，还有一种失败是因为对成功的渴望过多。曾经有一位在大型企业做顾问的咨询师发现，绝大多数的人都喜欢和成功、幸运的人在一起，因为大家都乐意受到好运的感染。再后来，他又惊讶地发现，有些人的失败恰恰是因为太想成功了。的确，如果运气太好一直成功下去，任谁都难以抵挡心中那股跃跃欲出的自满情绪。

过于渴望成功，在心理学上有一个比较专业的说法：成就动机过大。关于成就动机的定义是指：个体追求自认为重要的、有价值的工作，并使之达到完美状态的动机，即一种以高标准要求自己力求取得成功为目标的动机。

"成就动机"适度，可激发人们未发挥出来的潜力；但如果过于强烈，反倒会让中枢神经因为精神长时间处于高度紧张而受到干扰，进而影响正常的行动力，甚至带来反作用。

2008 年 8 月 17 日，北京奥运会 50 米气枪三姿决赛。

13 时 51 分，射击比赛还有一个人的最后一枪就将全部结束。截至此时，中国选手邱健成绩最好，他利用最后这一枪逆转并赶超了乌克兰对手 0.1 环。1272.5 环的成绩足以保证他获得一块银牌。

而这最后一个没有完成比赛的人就是美国选手马修·埃蒙斯，在此之前，他的总成绩已领先第二名 4 环多。在所有人看来，获得金牌已经没有悬念，在这样世界顶级水平的角逐中，以他们的实力，一枪之中相差零点几环就应该算是个不小的差距了。也就是说，只要埃蒙斯的最后一枪打出 6.7 环——一个在步枪射击中的业余水平，金牌自然就会让他收入囊中。这对于一个射击名将来说，简直易如反掌。

在众人瞩目而又似乎显而易见的气氛中，埃蒙斯举枪、瞄准、击发。4.4 环！最终，中国选手邱健走上了最高领奖台。

顿时，全场以及屏幕前所有的观众都惊呆了！现场直播的解说词也足以有两三秒的凝滞。在一片不知所措的惊叹声中，时光一下逆流 4 年，回到了 2004 年 8 月 22 日的雅典马可波罗射击场，用解说员无奈的话说"历史总是惊人的相似"。

当时的比赛也是进行到了最后一枪，2 号靶位的埃蒙斯同样比到了最后一个击发，他只要得到不低于 7.1 环的成绩就能夺冠。但最后一声枪响后，子弹竟然飞到了 3 号靶位上，金牌最终属于中国选手贾占波。

4 年一轮回，当埃蒙斯再一次出现在北京奥运会的决赛赛场上时，世人为其不屈不挠的精神所感动，并希望他能向世界证明自己是最棒的。埃蒙斯也果然不负众望，稳健地打完了前 9 枪而遥遥领先于所有对手。

然而，上帝再一次拨动了他的枪口，他终因最后一枪打出了 4.4 环、总排名第四而与奖牌无缘。包括埃蒙斯自己在内的所有人都没有想到，噩梦就像幽灵一样，从雅典追到了北京。只是，"送礼"的对象从贾占波变成了邱健。

对于埃蒙斯来说，4 年前的惨痛一幕，让其心理创伤久久无法平复，终究在 4 年后没有走出雅典奥运会脱靶的阴影。他太想成功了，太想在这个同样的项目中战胜同样的环境来证明自己，因此才会在心理上出现如此巨大的波动。是自己的"心魔"，让埃蒙斯跨不过奥运会金牌这道坎。

对此，心理学专家甚至把其称之为"埃蒙斯魔咒"，意为过于渴望成功而造成紧张，致使很多人在关键时刻"掉链子"。其实，这种关键时刻的"魔咒心态"并不是运动员的专有病症。生活中，这样的例子在大多数人身上都存在：台下准备得滚瓜烂熟的主持词，一上台却忘得一干二净；和客户签一份重要合同，到了会场才发现，一切准备齐全，只是忘带了合同文本；科学家即将完成一项研究了很多年的实验，却在最后一步的时候因为一个极小的错误而功亏一篑。如此看来，"埃蒙斯魔咒"其实处处可见。往往，这样的失败都是由于人们对成功的过分渴望，反而给自己带来了难以逾越的心理压力。

行为是一种养成习惯，人们生活中的失败经历，会在潜意识里形成一种习惯性的条件反射。也就是说，又考试时、又登台时、又要签合同时，这种失败的"习惯"可能就会出现。这种状态下，人们的焦虑程度就会与行动目标的逼近成正比，即越是达成得准确、离成功越近，心中的焦虑也就越大，以致到最后难以自控，出现严重失常的表现。

我们往往抱着过于渴望成功的激进，实际上是一种太想抓住的欲望。由此而形成的过度紧张，常常导致了人们最终的失败。在长时间精神高度紧张的情况下，中枢神经的工作就会受到干扰，这势必会影响到当事人的注意力。把注意力只局限于成功或失败的结果上，人们脑海中便会幻化出许许多多假如失败后的复杂结果，思想便不再如以前只有一个简单目标时那样纯粹。

那么反过来说，只有胸怀单纯的目标，思想简明，才会获得平静如水的淡定。只专注于具体的操作细节，就会自然忽略除了事物本身的一切外在得失。如此心灵澄净之后，才会不再浮躁和浅薄，才会不被社会的急流所裹挟。收获自有天定，又何必劳人心？谋定而动，清静而为。保持一颗平常心，不激进、不怠慢，想必功到便自然有成。

摒弃杂念，才能全力向前

在生活中，很多人费尽心机都无法成功，其主要原因就是自我设限，就像人们常说的那句话："人生最大的敌人是自己。"很多时候，我们在做事情之前，都会有两道墙同时出现在前方：一道是外显的墙，那是关于整个外部大环境的围墙；而另一道则是每个人内心所隐藏起来的墙，即我们心中为自己所设限的墙。而决胜的关键就在于我们能否用坚强的意志去突破心灵中潜伏着的那道墙。

在前进的过程中，任何的停滞与迟疑的念头都会让人忘记前进，甚至失去起步时勇往直前的冲劲。所以，要想体会到成功的幸福，就必须摒除各种杂念，努力向前，勇于突破并且超越现状。一个人也只有依靠自己的意志力，放弃不必要的杂扰，才能战胜困境，成为最后脱颖而出的人。

国际著名的登山家罗赛尔，经常会在没有携带氧气设备的情况下，成功地登上海拔高达6400米以上的高峰。这其中还包括世界第二峰——乔戈里峰。

其实，世界上许多登山高手都以不携带氧气瓶登上乔戈里峰为自己的第一目标。但是，几乎所有的挑战者们只登到了海拔6000米左右，就再也无法继续前进了。因为这里的空气已经极为稀薄，人们在此几乎会感到窒息。所以，对于登山者来说，想要靠自身的体力与意志独立去征服乔戈里峰峰顶，确实是一项极为严峻的考验。

然而，罗赛尔却突破了种种障碍，达到了目标。在接受记者采访时，他说出了自己在前进中历经的过程。

罗赛尔认为，在突破海拔6400米的登山过程中，他最大的障碍就是内心各种翻腾的欲念。因为，在攀爬的过程中，你头脑中的任何一个小小的杂念都会松懈人内心原本坚强的意念，转而变得渴望呼吸氧气，慢慢地让人失去征服的冲劲与动力。随即，"缺氧"的念头就会产生，最终让人放弃征服的意志，接受失败！

罗赛尔说："想要登上峰顶，首先就要学会清除内心的各种杂念。脑子中的杂念越少，你的需氧量就会越少；你的杂念越多，你对氧气的需求便会越多。所以，在空气极度稀薄的状态下，必须要做到的，就是排除内心的一切欲望与杂念！"

是啊，外界一切的规则都只是形式上的附加，只有真正从内心中放弃那些扰攘的杂念，心纯如水，才会使理想成长在平和之中。心纯并非是不谙世事，而是放弃不必要的杂念，让美好的东西占据心灵。

学会放弃，就是学会选择，学会选择就是审时度势、扬长避短。明智的选择远远优于盲目的执著，那是一种睿智和远见。它需要果断和胆识的支撑，是提升决断力和执行力的绝佳途径。心无旁骛，放弃那些不该有的杂念，才能实现如初的理想。

1988 年汉城奥运会上，首次参加奥运会的 17 岁本土小将金水宁就在女子射箭个人比赛中战胜师姐王喜敬和尹映淑，夺得该项比赛的金牌。随后，金水宁又与队友合作夺得女子射箭团体冠军。

本来，教练并没有把希望完全寄托在金水宁一人身上。

当年颇具天赋的 3 位女孩让射箭队教练大喜过望，这 3 位少女都不满 17 周岁，而且以最好成绩计算，她们都排名在世界前十名之列，换句话说，只要这 3 人发挥正常，奥运会上的女子射箭金牌铁定就会落在她们囊中。

紧张的比赛开始了，主场观众的助威声此起彼伏，一声哨响后，观众们都静下心来，队员们角逐的时候到了，令教练大为意外的是，第一位弟子成绩糟糕，甚至都没有达到平时训练时的水平，在首轮角逐中便惨遭淘汰。而第二位弟子的成绩在决赛进行到一半时也开始不稳定，而且越来越失去准头。在这样的情况下，教练只得把目光投向最后一名弟子——金水宁。

只见她异常沉着老练，每一支箭几乎都命中靶心。最终她获胜了，如愿以偿地取得了金牌，为国家赢得了荣誉。事后被询问成功的原因时，她平静地说："我眼中只有靶心，连箭都看不见。"

2004 年雅典奥运会上，这位老将又重新复出，她的成绩依然是最好的。对于自己保持良好成绩的诀窍，金水宁还有一句被业界广为流传的话，那就是：我绝不留恋射出去的箭。

谁的理想不美丽，可心中有太多杂念的人大都会被犹豫不决羁绊住了手脚，从而偏离了正确的方向。真正的高手，只看得见靶心，一心向着理想而去，而从"只看得见靶心"到"绝不留恋射出去的箭"，这样的转身更像是一种飞跃和升华。

要想寻找到心灵的归属，与悲沉消极彻底决裂，就要能够正确清理杂念，保持内心空灵的状况。正所谓"两弊相衡取其轻，两利相权取其重"。放弃杂念，是清醒地面对生活时需要采取的一种选择，是一种理智地面对推陈出新的诱惑时的战略智慧。学会了放弃，也就学会了争取；去粗，才能取精。

已经走到半山腰的你，还记得开始出发时对自己呐喊加油的声音吗？找回那些盎然的活力，全力向前。就像罗赛尔所说，只要忘记杂念，坚守住最初的梦想，适时接纳别人的劝解，积极吸收崭新的观念，我们最终都能告别迷惘，迎接充满希望的未来。也只有放弃杂念，才能卸下人生的种种包袱，轻装上阵，平静地等待生活的转机，度过风风雨雨。硬币的两面，一念的差别；懂得选择，才拥有一份成熟，才会在人生的舞台上拥有一个更加充实、坦然和轻松的转身。

时常对自己说:已经够好了

当我们还在父母的怀抱里啼哭不已时,有的婴儿已经被遗弃了;当我们嫌父母对自己的关心不够时,有的同龄人却连生身父母是谁都无从得知;当我们厌学逃课时,有的人却没有踏进校门学习的机会;当我们整日顾影自怜、小病大养时,有的人在这个世上的日子已经所剩无几;当我们不满意镜子里自己的身材时,有的人却永远被疾病缠身;当我们正在为穿哪一双鞋出门儿烦恼时,有的人却终生要与拐杖为伴;当我们频繁地更换数码产品时,有的人却连电视都还没有看过;当我们还在为明天的计划而愁闷时,有的人却已经没有了明天。

原来,我们现在所拥有的,已经够好了。

放弃那些更多的要求,学会知足,这背后是一颗平常心的无欲则刚。它的真正意义是使人奋发向上,放弃那些无谓的抗争和无意义的琐碎,放弃那些不可能实现的幻梦,放弃那些过分的狂喜。在生命不可能永远平静的海域里,帮助我们更有力量地把握人生进取的航向,从而扬帆破浪。

知足能使人不为物质所役,懂得"够用就好"的道理。爱因斯坦对钱财不太在意,也很知足。他曾用一张大面值的支票作为书签,结果不小心弄丢了那本书。对此,他一笑了之。试想,如果换成葛朗台先生,肯定是捶胸顿足、要死要活了。一把躺椅、一杯清茶、一本好书,某人就能常乐;住上别墅、开上跑车、搂着美人,某人却不乐,此皆因知足否。

他从小就生活在一个贫困的家庭中,朝不保夕的日子让他时时恐惧;也因此而格外珍惜求学的机会,刻苦努力,终于依靠着助学金和奖学金而从名校毕业。

放弃，
是人生优雅的转身

参加工作后，他一直就是个"拼命三郎"，成绩一天一天在攀升，工资卡里的数字也终于在两年后晋升了位数。然而他仍旧觉得自己所取得的一切"只有那么一点"，从来不肯有半刻的停止。

后来，他因为大出血而住院，可就在卧床休息的20天里，他仍然在床上不分日夜地联系业务。之后又因为太多的加班熬夜，竟然在副总裁面前汇报工作时当场"失声"。外派工作时，他白天走访市场，晚上熬夜赶写报告，竟然在周一早晨给员工训话时晕倒在众人面前。他要处理太多的突发事件、公关事件，时时应酬，顿顿喝酒，最后竟喝到不能起床，喝到阑尾炎发作还没有时间去做手术。他就像在跑步机上行走的人，从来不曾停歇过，总是脚步匆匆、马不停蹄。

终于有一天，生命的传送带还在继续运转，而前进的齿轮却坏了——他彻底崩溃了，同时，也终于有机会停了下来。

在长时间休养的日子里，他发现，原来自己干得已经很好了，他人所希望的一切自己几乎都拥有了，唯一少了的，是感受这些美好的心。于是，在人过半百时，他终于有了一个转身，虽然已经算不上优雅，但也还及时。

他在封存了数年的博客上写道："是的，我该停一停了，把背上的包袱放一放，好好地喘一口气。把急行军的步伐放缓一下，去呼吸一下负氧离子，看一看风景。让世上的纷纷扰扰暂时归于平静安宁，让惊乱繁杂的生活从今天开始归于简单平淡……"

其实，我们赚钱，就是为了让生活过得更加美好。然而，如果只知埋头苦干，没有享受的乐趣，那生活还有什么意义？生活质量的高低，并不完全体现在所拥有金钱的多少和物质的寡众上，更重要的是脸上的微笑，还有心中的情感。

很多事情只有经历过才懂得它的弥足珍贵，可那时往往就已经遗落了那一份拥有时的心旷神怡。在前进的道路上，当取得一些成绩时，如果我们都能乐由心生，对待困难的情绪，就会如阳光般朗朗映照。舍掉更多的欲望，学会知足，在烦躁与喧嚣中，便过滤了压抑与深沉，沉淀下默契与亲善，澄清出本真与回归。改变就在这样不知不觉中"润物细无声"。如《笑傲江湖》里的一句话：莫思身外无穷事，且尽生前有限杯。

真正做到知足，便可以从纷纭世事中解放出来，独享个人妙趣融融的空间。对内发现自己内心的快乐因素，对外发现人间外物的真爱与秀美。对事，坦然面对，欣然接受；

对情,琴瑟和鸣,相濡以沫;对物,能透过下里巴人的作品,品出阳春白雪的高雅。如此,对于风雨兼程的我们来说,便有一个宁静、温馨的避风港口,足以让我们常常喜乐。网上有首《知足常乐》的歌谣,颇觉玩味。其中几句歌词是:

"想想疾病苦,无病即是福;想想饥寒苦,温饱即是福;想想生活苦,达观即是福;想想乱世苦,平安即是福;想想牢狱苦,安分即是福;莫美人家生活好,还有他家比我差;莫叹自己命运薄,还有他人比我厄……"

这里,作者用类比的方法,表达了对无病、温饱、达观、平安、安分的认识,对现有收获倍加珍惜的心态,对目前成果尽情享受的胸怀。由此说来,知足,是我们认识社会、把握心态的一种智慧;常乐是认识事物以后如何处世的一种精神境界。

我们没有动人的外表、高贵的出身,却可以拥有优雅的谈吐和充满智慧的大脑;我们没有值得炫耀的财富,却可以拥有大江大海般的亲情、爱情和友情。学会满足,就会发现在生活的河流里,虽没有惊涛骇浪的传奇,却不乏宁静的水波;人生的片段中虽少有鲜花簇拥的辉煌,却不乏光明正大做人、踏踏实实做事的喜悦。

对自身的要求若懂得适可而止,便有了长久的自得;对生活充满感恩和满足,便能获得永远的快乐。在长时间低头拉车的漫途中,不妨多设几个驿站;停歇时别忘了对自己说一句:已经够好了。说不定,这样的意识就能伴随着我们继续上路,在下一个道路口,就有了一个不一样的改变。

↙

别在意别人的目光，专心地走自己的路

生活中，我们拿起的东西似乎越来越多，而能够放下的却越来越少。比如，拿起了这个人的眼光，拿起了那个人的评判。然后，小心翼翼地去行事，唯恐受到他人的指责。但是，即使我们千般小心，万般在意，也照样还会有人不满意，照样无法只听到一种赞同的声音。

经典励志书《秘密》的作者在揭示生命中的磁石时说："对于你来说，没有什么限制，除非是你自己强加给自己。你就像鸟儿一样，你的思想可以从任何障碍物上飞过，除非你将限制加之于上而束缚它们，或囚禁它们，或剪断它们的翅膀。"

这种限制就是众人之口。让每个人都满意，显然是不符合客观规律的。一是由于个体的差异性，所谓众口难调；另外，自身的局限性也决定了我们的不完美。如果不根据自己的实际情况具体问题具体分析，而一味地迎合不同人的不同意见，最终只会落得竹篮打水一场空的结果，就像下面这个故事中的农夫。

一位农夫带着他的小儿子，赶着一头驴到邻村的集市上去卖。

没走多远，就看见不远处有三五个女孩聚在一起，对他们指指点点。一个姑娘大声说："嘿，快瞧，还有这样的傻瓜，有驴子不骑，宁愿自己走路。"农夫听到这话，立刻让儿子骑上驴，自己高兴地在后面跟着走。

不久，他们又遇见一群老人。只见这些人正在激烈地争执："喏，你们看见了吗？如今的老人真是可怜，让懒惰的孩子骑着驴，自己都这把岁数了，却在地上走。"农夫听见这话，连忙叫儿子下来，自己骑上去。

走了一半的路程时，路边有一群妇女和孩子，七嘴八舌地对他们喊着："嘿，你这个狠心的老家伙！怎么能自己骑着驴，让可怜的孩子跟着走呢？"农夫闻声，赶紧叫儿子上来，和他一同骑在驴的背上。

快到市场时，一个城里人对身边的人说道："哟，瞧这驴多惨啊，竟然驮着两个人，真怀疑这是不是他们自己的驴。"另一个人插嘴说："哦，谁能想到他们这么骑驴啊！依我看，不如两个人驮着驴子走。"农夫和儿子又急忙跳下来，用绳子捆上驴的4条腿，找了一根棍子把驴抬了起来。

就这样几经更换，这对父子卖力地抬着驴走向集市。在通过闹市入口的小桥时，又引起了桥头上一群人的哄笑。驴子受了惊吓，挣脱了捆绑撒腿就跑，不想却失足落入了河中。

农夫最终又恼怒、又羞愧地空手而归。

如此把这样的故事讲出来，似乎十分可笑。然而，这种任由别人支配自己行为的事情并非只在故事里出现。生活中我们常常因为别人的不满意而烦恼不已，费尽心思迎合每一个人。他人要求怎么做就怎么做，谁抗议就听谁的。但结果还是会有人不满意，所以我们为此又开始劳心伤神。

将自己的生活置放在了别人的标准和目光中，相对于短暂的人生而言，是怎样的一种悲哀和痛苦。当我们总是无法放下任何一方的眼光时，总是想照顾得面面俱到时，就会很容易陷入物欲设下的圈套。如同童话里的红舞鞋，漂亮、妖艳而充满诱惑，一旦穿上，便再也脱不下来。我们疯狂地转动舞步，一刻不停，尽管内心充满疲惫和厌倦，但脸上依然还要挂着幸福的微笑。当我们在众人的喝彩声中终于以一个优美的姿势为人生画上句号时，才发觉这一路的风光和掌声，带来的竟然只是说不出的空虚和疲惫。

希望拥有和谐的人际关系、希望在这个社会中如鱼得水。我们的希望太多，随之而来的要求也就太多。美国著名心理学家马斯洛认为，每个人都有归属和自尊的需要。表现在每一个体身上，就是希望自己能得到别人的认可，希望别人能给自己肯定和积极的论述。如此看来，在乎别人对自我的评价，也是件很正常的事。

但其实我们应该认识到，众口难调本就是人类的自然属性。世界之大，社会之杂，各人的价值观念不同，每个人的利益也非一致，如此，立场与感受自然也就不同。面面俱到是不可能，也是不需要的。古今中外对此早有论断，并且存有某种默契的一致：

西方文艺说：1000个读者眼中就有1000个哈姆雷特；

东方民俗言：萝卜青菜，各有所爱。

我们或者委曲求全、或者甘于现状、或者平凡如己、或者胸怀天下，但总会遇到一点不可改变的是：因为承担着"白菜"的角色，势必会或多或少地遭到"萝卜们"的不满。为了变成萝卜而放下白菜的属性吗？不可能，也没有那个必要。

由此想到一句网络谎语："治一种病的药是好药；治多种病的药是止痛片；包治百病的药是假药；药到病除的是毒药。"这话说得也许过于极端，但也可以从另一侧面说明一个道理：凡事做到100%的"一边倒"，就假了。也就不简单了，就劳神费心了，就不轻松了，也就抑郁沉闷了。

所以，当众口难调时，不必捧起所有的声调。知道自己的路，明辨所追求的目标，择其一而放其他，笃定地、踏实地走每一步。活得认真，做得真实。按照事情发展的本来面目，坚持自己的"按本色做人，按角色做事"。只有顺应了自然规律，才不致在迷失自我的泥沼中团团旋转，疲惫不堪。也正因为这种放下纷繁多面的复杂，选择简单而一的自我，才使得心无杂念，思想空灵，才能爽朗地收获属于我们每一个人自己的幸福。

比来比去何时了

印度思想大师奥修说过:"玫瑰就是玫瑰,莲花就是莲花,只要去看,不要比较。"的确,海边的落日就是海边的落日,高山上的夕阳就是高山上的夕阳。因为时间、空间等因素的不同,二者本身就不具有可比性。

往往,美感会在比较中丧失。只要相互一比,我们就无法用最美的心情来感受当下;只要这么一比,我们其实就已经错失了眼前的美丽。

这天,一个女孩和朋友在公园里散步,一大片莲花在河塘中开得正好,她情不自禁地赞叹道:"如此之美!长这么大,我还从来没有看过这样娇艳的莲花呢!"

听到这样的感叹,身边的朋友却随口一说:"这有什么,我觉得这里的莲花还不如另外一个花园的玫瑰好看。"朋友的话一出口,瞬时间,她感到整个河塘的莲花都失去了色彩。

又一次,她和同事到海边度假,夕阳西下,海面镀上了一层金色的余晖。她由衷地赞美道:"大自然真是太伟大了,怎能构成如此和谐的景致!"

在一旁的同事瞟了她一眼,不以为然地说:"这有什么,你没有看过黄山的日落,要比这里美多了。"话音落地,整个落日好像都黯淡了不少。

比较,让人们的眼中失去了色彩,看不到当下存在的美丽。而且,比较多数还会带来许多阴暗和不愉快的感觉,它是在挑拨我们的雄心,在诋毁我们已努力过的一切,让所得到的也变得毫无生机和意义。比较是危险的,它让我们总是忽略或不满意手中已经拥有的,而一旦忽视,已拥有的就会在我们心灵之间悄悄溜走。

很多时候，我们内心的满足来自于别人目光折射回来的色彩基调：别人羡慕我们幸福，自己感觉就很满足；别人觉得他们自己很幸福，我们就会拿自己的生活与之相比。往往，人们总是忽视了自己内心真正想要的东西，而常常被外在的事物所左右。无论他人幸福与否，那都不是我们所能摸得到的生活。将自己的幸福建立在与他人比较的基础之上，我们便会在比来比去中对自己已经拥有的无法欣赏，进而无法满足。就像这样的现象在生活中很常见：

一家卖了旧房，在闹市区买了新房的老邻居，也劝她该"重新动动"了。于是，女人便眼红心动，和丈夫吵着闹着也要在闹市区买房，而且还偏要和邻居是同一栋楼。

当历尽"口舌之磨、身心之疲"后，好不容易交了订金，女人仍然不满意——要买就买比老邻居大一点的那套。

等到钥匙拿到手后，心算踏实了。当亲朋好友问起时，女人显得毫不上心地随意一说："嗨，不大，100多平方米，就比那谁家的大一点儿！"

别人的房子好，自然投入的花销也多，付出的辛苦自然也不少，那不妨就让他"更好"吧。如果我们不想那么累，不想背负太重的经济负担，买一个合适的就好。每个人都有自己的生活，又何必和他人相比呢？

另外一方面，比较似乎会让人上瘾。只要尝过一次"更好"的滋味，就想寻求更多的"更好"。我们的眼睛总是盯着别处，而看不到自己眼里的风景。

芳高挑而曼妙，婚后几年依然美丽。她的婚姻似乎和她的相貌一样完美，丈夫几乎让她享尽世界所有的甜蜜，除了他们的物质条件和丈夫的相貌：他们并没有宽敞的房子，而丈夫的个子甚至没有芳高。

生活在平淡中一天天度过。平淡久了，终究也就有了厌烦。当厌烦到快要麻木的时候，芳邂逅了一个丈夫之外的男人，那个男人似乎让她看到了一个全新的世界：俊朗的外貌、挺拔的身姿，关键是，他给芳也买了一套房子：地段好，面积大。

芳决意离婚。

丈夫久久无语。

漫长的沉默中，芳拿出小剪刀开始修剪指甲。可是小剪刀有点儿钝了，不大好用。

"你把抽屉那把新剪刀递给我一下。"芳说。

丈夫把剪刀默默地递到她面前,芳忽然发现,丈夫递给她剪刀的时候,刀柄的方向朝向她,刀尖朝着他自己。

"你怎么这么递剪刀呢?"她有点儿奇怪。

"我一直都是这么给你递剪刀的。"丈夫说,"这样万一有什么意外,也不会伤到你的。"

"是吗?"她毫不在意地反问了一句,心却忍不住轻轻一动,"我从来没注意过。"

"那是因为这太平常了。"丈夫静静地说,"我从没有说过,因为我觉得这没有必要说,其实我对你的爱也是如此。从我爱上你的那一天起,我就告诉自己,要把最大的空间给你,要把最大的自由度给你。就像刚才递剪刀时把刀柄朝向你一样,把爱情的生杀大权给你,让你不会受到伤害,最起码不会从我这里受到伤害。也许我给不了你那么大的房子,也给不了和你一起上街时别人羡慕的眼光,可这就是我对你的爱。"

听着丈夫这一句句的心里话,芳早就泪水汹涌而出,紧紧地抱住了丈夫。

所有的比较在这份细腻到已经融入生命的爱的面前,都是那么委琐而不值一提。当用内心去体验时,怎能不被拥有这样的幸福而感动?

俗话说:山外青山楼外楼,比来比去何日休?好只是相对的,成就幸福最简单的方法就是:怀着一颗知足的心,守护好当下已经拥有的。

心灵的散步,需要放慢脚步

　　美国人富兰克林的一句"时间就是生命,时间就是金钱"激励了好几代人。而我国现代文学家朱自清先生在文章《匆匆》中也说:"洗手的时候,日子从水盆里过去;吃饭的时候,日子从饭碗里过去;沉默时,便从凝然的双眼前过去……我掩着面叹息,但是新来的日子影儿又开始在叹息里闪过了……"正是这样的感叹让我们意识到时间犹如流水,一去不复返。如此,"快"和"赶"便成了身在21世纪的我们最正常的生活步调。

　　从清晨开始我们就匆匆忙忙,闹钟一响就意味着忙碌的一天的开始。来不及吃早餐,工作的琐事已堆满案头,查资料、计算数据、描绘图纸,一遍遍重复着,甚至连中午饭也顾不上吃。夜幕降临,还得收拾起满身的疲惫,打起精神,超时加班。日复一日,年复一年,惜时如金,健步如飞。可惜的是,我们的生活并没有因为加速的脚步而变得美丽。

　　一次,在超市看到一袋剥好了的又白又饱满的瓜子仁,很是诱人,就买了回来。

　　一路上盯着那袋"白白小仁"垂涎三尺,到家后早已是按捺不住,抓了一把就往嘴里送,心想着,这直接吃到嘴里的速度不知比嗑瓜子剥皮要快多少,这种"不劳而获"的感觉真让人畅爽。

　　但是,当满把的瓜子仁在口中被咀嚼时,却怎么也品不出平时一颗颗嗑来的香味。再来一口,还是这种感觉,全然没有了无穷的回味,也就没有了再吃的兴趣。

　　一样的瓜子,为什么被"加速"剥出来的吃起来反而不香了呢?

　　想来,我们平日里嗑瓜子,慢慢而不经意间就嗑出了一种悠闲。边吃边聊,感受的是那个"慢步"的过程。而现在，面对这样已经嗑好了的瓜子仁，省略了最重要的过程，吃到嘴里自然也就没有那个味了。

很多时候，我们就是在一步步看似慢然的过程中感受到了生活的甜酸苦辣，如此，人生才充满了乐趣。过于直接地把结果"加速"地摆到面前，反而倒索然无味了。

但事实上，我们仍旧像是在时代的传送带上被向前运转着，产生了方方面面的提速：在没有微波炉的时代，做一顿饭常常要 30 分钟以上，而现在用微波炉只要 3 分钟，可我们还是觉得这速度真慢，不时站在微波炉前焦急地等待；进入数码时代，计算机运作速度以几分之几秒来计算，可我们还是嫌这破机器太慢，经常能听到办公室里有人疯狂点击鼠标的声音，嘴里喊着快、快、快。

其实，如果生活是一趟单程列车，那么中途必然需要休整。就像是这趟列车长途跋涉时的一个个小小的车站，我们需要在那里加水、添煤、检修。约翰·列侬曾经说过："当我们正在为生活疲于奔命的时候，生活已经离我们而去。"过大的生活压力、过快的生活节奏使我们在不知不觉中失去了平静，怎么也难以按下那股浮躁、不安和焦灼，健康状况亦极度恶化。大家都忙着赶路，却根本来不及体验生活的美好。

庆幸的是，在经历了一个极大的浮躁过程之后，很多人的心灵开始慢慢回归，返璞归真，慢生活也在全球悄然兴起。那么，我们不妨也向前人学习，放慢脚步，重新找回带着心灵散步的节奏。

1986 年，意大利人 Carlo Petrini 推动了一项全新的运动："慢食运动"，从此让人们不断思考自己的生活。"慢食"不只说要慢慢品尝，更是一种懂得珍惜和欣赏的生活态度。"慢"的真义是指我们必须能掌握自己的生活节奏，掌握自己的品位，世界才会更加丰富。

1989 年，罗马以及意大利的其他城市发起了慢城市运动，并渗入世界各国。

2005 年秋季，意大利人贡蒂贾尼成立了"慢生活艺术"组织，并倡议"世界慢生活日"，也称"全球慢生活日"。

2007 年 2 月 19 日，在第一个"世界慢生活日"里，贡蒂贾尼和其他组织成员装扮成警察，来到米兰中心广场，向行色匆匆的路人开出自制"超速罚单"。当天的"超速罚单"共发出了 500 张。

2008年2月25日是第二个"世界慢生活日"，类似的活动在美国纽约联合广场上举行。贡蒂贾尼回忆说："纽约人收到我们的'罚单'后说，愿意加入我们，放缓生活节奏。"

第三个"世界慢生活日"是2009年3月9日，贡蒂贾尼和同伴出现在日本东京，戴上了自制的意大利警察帽，向行人发放传单，并对走路太快的人开"罚单"。他们倡议人们减慢生活节奏，因为"慢生活，才快乐"。

第四个"世界慢生活日"就在不久前的2010年3月16日。在意大利，人们庆祝了世界"慢生活日"，当天，意大利许多城市的民众可以享受到免费的公共交通，政府还在街头组织诗歌朗诵比赛，人们甚至可以尝试免费的瑜伽和太极练习。同时还对那些步伐过快的人予以"模拟"处罚。这一切都是旨在教人们如何去放慢节奏，享受生活。

诚然，忙碌是避免不了的，不安的危机感也的确很难停止。然而，我们可以改变的是对待生活的态度。当夕阳优雅而缓缓地隐没在灯火辉煌的夜幕中，我们不妨懒散地牵着心灵去慢步，于文字，于音乐，于默契的无言之中。随意摘下一朵小花，喝一杯咖啡，看一部旧电影，静静地享受一下简约且透彻的生活。放松与和谐的身心才能让我们有机会成为自己，也是生活的主人。

在一路狂奔的忙碌旅程中，舞蹈的是我们无怨的指尖；即使被丢弃，也不忧不痛。正所谓"夏去冬至春复来，人间正道是暖阳"。牵着心灵去散步，放下快节奏的脚步。心若静，尘自飞；心若安，尘自乱。如此，无尘的心便轻上天堂。

第四章
想顾全大局，就不要总着眼于小处

尘世茫茫，琐碎常有，而壮美不常有；纷杂常有，而宏大不常有。然而另一方面，中国古代先贤的智慧又告诉我们，万事万物都是在不断发展变化之中，没有绝对，只有相对。

的确，这是一种认识和选择，此时的小浪有可能就是波时的大，关键在于胸襟和眼界。只要心中怀有大局意识，那么一切的情绪、地位、尊卑、利益，等等，便都只是眼前井口般小的浮云。如此，才能站得高、看得远，以高屋建瓴之势去谱写属于自己的大局人生。

摆脱"小跳蚤"，成就大人生

在生活中，每天都有琐碎的事情发生。如果对每一件小事都十分在意，那么我们的生活很可能就被这些小事情给拖垮了。就像一块带有些微小瑕疵的美玉，如果一味地盯住那点残缺，很可能就忽略了晶莹剔透、通体透明的美。而当我们把"残品"随手丢弃或是转手送人之后，才忽然明白，原来丢弃的是一块价值连城的稀世之宝。

法国作家大仲马有句名言："人生是一串无数小烦恼组成的念珠，乐观的人总是笑着数完这串念珠。"漫漫人生看似长久，实际上也只不过 3 天：昨天、今天、明天。昨天过去了，烦恼无用；今天正在过，无暇忧虑；明天还未到，困扰不到。的确，在很多情况下，烦恼都是自找的。如此，我们便应该学习犹太人乐观的智慧，对身边微不足道的"小跳蚤"视而不见、忽略不计。

聪明的犹太人说："这世上卖豆子的人应该是最快乐的，因为他们永远不担心豆子卖不出去。"

看到众人疑惑，犹太人继续解释道："假如他们的豆子卖不完，可以拿回家去磨成豆浆后再拿出来卖；如果豆浆卖不完，可以制成豆腐；若是豆腐变硬了卖不出去，就当豆腐干来卖；豆腐干再卖不出去的话，就腌起来，变成腐乳。或者还有一种选择：卖豆人把卖不出去的豆子拿回家，加上水让豆子发芽，几天后就可改卖豆芽；豆芽卖不动，干脆就让它长大些，变成豆苗；豆苗卖得不好，那就再让它长大些，移植到花盆里，当做盆景来销售；如果盆景卖不出去，再把它移植到泥土中去生长，几个月后就又会结出许多新的豆子——一颗豆子变成了很多豆子，想想都觉得这是多么划算的事！"

一颗豆子在遭遇冷落的时候，尚有如此多种的精彩选择，何况一个人呢？这样的坚强与乐观，是否能对我们旁敲侧击？如此，还有什么好忧虑的呢？

有科学家对人的忧虑进行了科学的量化、统计和分析，结果发现，几乎有100%的焦虑是毫无必要的。统计发现，40%的忧虑是关于未来的事情，30%的忧虑是关于过去的事情，22%的忧虑来自微不足道的小事，4%的忧虑来自我们改变不了的事实，而剩下的4%，则来自我们正在做着的事情。可见，占据我们内心大部分空间的，几乎有99%都是像跳蚤一样琐碎的小事。它们的危害就在于虽不致死，却带来了无数肮脏的垃圾，充扰并腐蚀着心灵。每个人的心灵空间都是有限的，装进琐碎的烦恼，大格局的视野自然就会被忽视。所以，学会自我调节、自我减压才是最重要的。有这样一则新鲜的减压故事。

20世纪60年代，意大利一个康复旅行团体在医生的带领下去奥地利旅行。在参观当地一位名人的私人城堡时，已80岁高龄的主人依然精神焕发，风趣幽默。

出乎所有人的意料，老人说了这样一段话："如果各位客人来这里打算向我学习，那真是大错特错了，我是说，应该向我的伙伴们学习：我的狗巴迪不管遭受如何惨痛的欺凌和虐待，都会很快地把痛苦抛到脑后，尽情地享受每一根骨头；我的猫赖斯从不为任何事发愁，若感到焦虑不安，它就会去美美地睡一觉；我的鸟莫利最懂得忙里偷闲，享受生活，即使树丛里吃的东西很多，它也会吃一会儿就停下来唱歌。相比之下，人总是自寻烦恼，我们不就成了最笨的动物了？"

有的人在烦恼面前痛苦不堪，把自己埋进"灰色的情调里"不能自拔，以致沉沦、绝望；有的人则与此相反，在挫折和困境面前挺起腰杆，把聪明才智发挥得淋漓尽致，最终取得巨大的成功。选择怎样的情绪，是决定我们能否改头换面的关键所在。快乐和烦恼是一对孪生兄弟，就像硬币的两面。选择了烦恼，就只能成为痛苦的奴隶；若翻转一面，即可拥有快乐的翅膀。真正的快乐是一种心境，是一种为营造和保持良好心境而做出的正确选择。

快乐是自找的，困扰也是自找的。所以，每当唉声叹气、忧心忡忡的时候，不妨把我们烦恼忧愁的具体事件写下来，然后为其归类，看看它属于"人生三天"里的哪一部分。最后的结果往往是，连我们自己都感到可笑而费解：当时为什么会被这样的事折磨得死去活来？真是没有必要。一个心理学家为了研究人们常常忧虑的"烦恼"问题，做了下面这个很有意思的实验。

心理学家要求实验者在一个周日的晚上，把自己未来一周内所有忧虑的"烦恼"都写下来，然后投入一个指定的"烦恼箱"里。

3周之后，心理学家打开了这个"烦恼箱"，让所有实验者逐一核对自己写下的每项"烦恼"。结果发现，其中90%的"烦恼"并未真正发生。此时，心理学家要求实验者将彼时那10%的"烦恼"记录下来，重新投入了"烦恼箱"。

又过了3周，"烦恼箱"被重新打开。经过再次逐一核对发现，几乎已经没有"烦恼"真正发生或即将要发生了。心理学家从对"烦恼"的深入研究中得出了这样的统计数据和结论：一般人所忧虑的"烦恼"，其中92%未曾发生，剩下的8%则多是可以轻易应付的。

往往，再回头看一遍那些曾经无比困扰过我们的事，竟会惊奇地发现一个"怪象"：人们往往都能很勇敢地面对生活中那些偌大的危机，却常常被一些琐碎的小事搞得垂头丧气。如此而言，当我们再次被所遇到的"困境"搅得团团转的时候，请静下心来告诉自己这样一个事实：生命太短促，眼下的这件事真的值得我丢不开、放不下吗？

就像白米里面常常会夹杂着一些细碎的米糠一样，我们永远无法尽数地剔除这些杂质。如果想把它们全部挑出来的话，就一定要花掉很多的时间和精力。如此一来，其他更有意义、更值得我们去做的大事自然也就无暇顾及。因小失大、得不偿失的事情还是不要做为好。

这样，没有了一个个"小跳蚤"的骚扰，内心世界自然就会变得清静不少，也就能腾出更多的精力去放眼世界，把握、拿捏大局。只有眼界放开了，心胸放大了，才能以一个高屋建瓴的视角去俯瞰万物。在不知不觉中，空旷而达观的性格也就会逐渐扭转过来，我们的生活也将随之焕然一新。

小情绪也能毁了大事业

在日常生活中我们经常看到，两人因为一些小小的矛盾而发生口角，争吵谩骂几句后就大打出手。结果轻者受伤，重者致死。当因一时冲动而受到法律制裁时，方悔恨不已，竭尽全力解释：都怪当时太冲动。然而，一切都为之晚矣。

冲动是魔鬼。人的激动情绪一涌上心头，就会在某种程度上丧失理智，对周边的环境、对自身的现状都缺少客观而清醒的认识，从而做出一些不明智的举动，明知不可为而为之。

遭遇不测、横对挫折，这些都是正常的，但如果时时冲动，那么小情绪也能毁了大事业。小到做人，大到治国，皆是如此。在关羽败走麦城、惨遭杀戮之后，作为兄长、作为一国之君的刘备，就终究没能沉住气，把握好自己的情绪。

刘备历尽艰辛，终于拥有了东西两川和荆州之地，创建了帝业。然而由于关羽的失误，荆州被东吴所夺，关羽也被算计杀害。

刘备听闻，悲愤交加，立刻要起兵伐吴，发誓要为关羽报仇。

赵云劝说道："当今的国贼是曹氏，并非孙权。曹操虽然死了，但曹丕却篡汉自立为帝，神人共怒。陛下应该讨伐曹丕，而不剑指东吴。倘若一旦与东吴开战，就不容易立刻停止，其他大计就无法实施。还望陛下明察。"

刘备心知这番话的道理，确是审时度势之言。然而，兄弟之情让他的心中已充满了复仇怒火，一心向战，他对赵云说："孙权杀害了我的义弟，还有其他忠良志士。这是切齿之恨，只有食其肉而灭其族，方能消除我心中的仇恨。"

赵云再劝道："曹丕篡汉的仇恨，是大家的仇恨；兄弟之间的仇恨，是私人的仇恨。

希望陛下以天下为重。"

刘备甩袖反问："我不为义弟报仇，纵然有万里江山，又有何意？"

遂起兵伐吴，欲扫平江东。但最后落得个火烧连营、白帝托孤的下场。

刘备的这一决定显然不是建立在冷静的心态之上，他已完全被自己眼前的悲伤和愤怒的情绪所控制。由此导致了他失去了应有的理智，丧失了审时度势的能力。不但复仇未成，还把自己的性命赔上，而初有所成的蜀国帝业也受到重创。这样的失败对于刘备而言，可以说是灭顶的。只因无法克服一时的情绪，感情用事，便造成了不可挽回的损失。

一个人的七情六欲是人之所以为人的特征之一，是完全正常的。所以，常能听到"一个做事不考虑感情的人，一定是个不成熟的人"这样的说法。然而世事多变，人们的理智常常容易被感情所左右，使人们对复杂不定的形势做出了错误的分析和判断。因此可以说，一个被感情左右的人，也一定是个不成熟的人。

一意孤行的刘备就是被感情左右了的人。在这一点上，他比之同时期的曹操就差远了。殊不知，曹操也曾遭受家人被害的惨痛，也曾有过切齿之恨。可他最后的选择却与刘备相反。

曹操平定了青州黄巾军后，声势大震，拥有了一块稳定的领地。于是派人把自己的父亲曹嵩接来，同乐尽孝。

曹嵩带着一家老小40余人途经徐州时，徐州太守陶谦想借此交好曹操，便有意奉上一片好心，亲自出境迎接曹嵩一家，并连续两日大设宴席，热情款待。

礼节到如此地步应算是比较到位了。但陶谦讨好心过重，好心却办了坏事。他派兵士500人护送，可谁知护送的这批人中竟有黄巾余党，当初归顺陶谦只是一时之屈，归顺后也并未得到任何好处。如今看到曹家财宝数车，便起了歹心。士兵一行人半夜杀了曹嵩一家，抢光了所有财产，夺路而逃。

曹操接到报告，咬牙切齿道："陶谦放纵士兵杀死我父，此仇不共戴天！我定要尽起大军，洗劫徐州！"

然而，当曹操率军攻打徐州，报仇雪恨之时，情况发生了变化。陶谦惶恐中向孔融求助，而孔融又找刘备帮忙。刘备向公孙瓒借兵以解徐州之围。在两方对峙的时候，吕布在陈宫的劝说之下偷袭了曹操大营兖州,占领了濮阳。

此边大仇未报,怎料又生其他枝节。曹操虽然复仇心切,但同时又十分冷静地分析,认识到自己处境的严重性:"兖州失去了,就等于让我们没有了归路,不可不早作打算。"

于是,曹操便咬牙停止了复仇计划,拔寨退兵,去收复兖州。因此,曹操摆脱了这次危机,保住了自己的地盘和势力。

如将曹操的遭遇与刘备的情况进行比较,可以看出,刘备仅扼离了一个义弟关羽,而曹操却痛失了一家老小40余人。从情理上讲,曹操的仇恨应该更加强烈、更加难耐。可他没有完全被眼下复仇的心情所左右,感情冲动后仍能保有大局意识,清醒地察觉危机,冷静地把握事情的发展趋势。与之截然相反的是,刘备只因意气用事,便让小情绪如浮云般遮住了双眼,在尚需稳定政权、巩固人心之时,断然出兵伐吴。彼时的刘备眼前,只有义弟云长的身影,桃园之情、同生共死之义充满了他的内心,而蜀国大业、一统中原的理想却早已顾及不上。如此,失败也就是注定的了。

任何人都有情绪波折的时候,世间最难的也莫过于控制自己的感情。但有一句话是:物极必反。若不能很好地把握和克制情绪,就会把眼前的"小处"无限放大,从而忽视了自己真正的大志向。相反,遇事不急、冷静处之,不仅能够免受一些不必要的伤害,还能让自己的人生之路少些阻隔,多些畅通。

所以说,感情的流露也要符合"物无美恶,过则为灾"的原则,感性行事中有个理性"调节器",懂得适可而止。时刻以大局为重,遇事才能沉得住气,使目更明、耳更聪,才是图谋远虑之举。

抛万乘之尊，得天下之势

行走人生路，几乎每个人都向往一帆风顺，而更多的人却在面对曲折的人生。其实，所谓的一帆风顺只是对心灵的一种自我安慰，当不愿成为命运的奴仆而又暂无扼住命运咽喉的能力时，只有舍弃不实的虚尊，忍得一时的弱小，才能争取以后更大的势力。

古往今来，成就大事者都有这样一个共同的特点：在他们的认识中，帝王之位也好，万乘之尊也罢，相比于整个天下的大势来说，都只是眼前区区的小处。在对自己形势不利的情况下，他们能够舍弃这些"小处"，含垢忍辱，忍常人所不能忍，终于取得了常人未有的成就，名留后世。张公艺九世同居，只以忍为题目；张良忍辱下桥取履，终为帝王之师；韩信忍胯下之辱，统率百万大军，终于拜将封王；刘备隐忍苟活，寄人篱下，终成帝王大业；司马懿忍辱负重，终挫诸葛亮之计谋。而真正懂得舍得之道的，还要数越王勾践。

烽火狼烟，血染千军。春秋争霸时，越王勾践因不听贤臣良言，长刀相向，因而忍受亡国之痛，方知悔恨。为了活命，为了复国，他舍弃尊王之位，含垢忍辱，派文种携带美女宝物贿赂夫差的宠臣伯嚭，才使吴王夫差允许越国求和。

勾践随后带着妻子作为人质，来到吴国侍奉夫差。夫差出行，为其当马夫，牵马坠镫；夫差生病，他亲自端茶送饭，端屎端尿，甚至亲尝夫差的粪便。终于赢得夫差的信任，被释放回国。

返回越国以后，他亲自到民间访问疾苦，与有才之士共商治国大计。为鞭策自己，他卧薪尝胆，过着贫苦百姓的生活。励精图治，发愤图强，十年生聚，十年教训，终于使越国民强国富。后抓住了稍纵即逝的机会，出兵攻打吴国，方报亡国辱君之痛，成其春秋霸主之名。

正是因为勾践为雪会稽之耻，才忍屈受辱，不惜重金收买奸臣，不惜寄人篱下蜷当马夫，不惜呕尝夫差的粪便，不惜用各种方式来表明对夫差的无限忠诚。舍弃尊位，为的是有朝一日站在姑苏台上，雪耻建国；那时大势已不可逆，天下最终是被这位"忍大辱、沉大气"的越王而得。

舍弃一时的尊位，不是摒弃自己的人格，放弃自己的原则，而是坚持理想，保存实力。北宋著名的文学家苏轼就曾经说过："君子之所以取远者，则必有所持。所就者大，则必有所忍。"正所谓留得青山在，不怕没柴烧。不因一时一事的尊辱而计较，也许忍到最后一刻就会产生意想不到的变化，才有希望看到转机。笑到最后的人方才是真正"有所得"者。

商朝末年，商纣王建酒池肉林，设炮烙之刑；对内沉溺酒色、奢靡腐化，对外残忍暴虐、荼毒四海，使得民不聊生，国势日渐衰微。而生活在陕西渭水流域的周族首领姬昌，广施仁德、礼贤下士、发展生产，深得人民的拥戴。这逐渐引起了商纣王的疑虑，于是就找了个借口将姬昌抓了起来，囚禁在当时的国家监狱羑里。这时的姬昌已是82岁的老人了，这一关就是7年。

其间，纣王以种种野蛮手段对其进行侮辱和折磨，最为恶毒的是将其长子杀害后做成肉羹逼其吞食。相传周文王长子伯邑考非常孝顺，在父亲被囚禁后非常担心父亲的安危，于是不顾一切来到殷都，想到上层活动活动，恳求纣王释放年迈的父亲。不曾想却被纣王扣为人质。这时姬昌演绎的事已被纣王得知，为了检验姬昌算卦是不是准确，纣王想出了残忍的一招，将伯邑考残忍地杀害了，竟然还烹成肉羹，派人送给姬昌吃。

姬昌看到肉汤，知道这是爱子的血肉，也很清楚这是纣王来试探他，如果不吃，必定会引起猜疑。于是强忍悲痛，装作若无其事地把肉汤喝了。纣王听了汇报，自鸣得意地对手下人说："谁说姬昌是圣人？喝自己儿子的肉煮成的汤都不知道！"从此就放松了对姬昌的警惕。

其实周文王并没有消化儿子的肉，相传他每天都到演绎台后边把吃到肚子里的食物吐出来，日久天长就形成了一个大土冢，后人称为"吐儿冢"。传说当时周文王吐出的肉都变成了兔子，所以现在羑里城附近的老百姓中还流传着一句俗话：羑里城的兔子打不得。

当然这都是后话。只是说姬昌能够"忍难忍处"，胸藏智识，腹隐韬略。一方面，姬昌在被囚羑里城的 7 年岁月里，潜心研究，发奋治学，将伏羲八卦推演为 64 卦 384 爻，完成了《周易》这部千古不朽的著作；另一方面，姬昌回到自己的领地，暗中招兵买马，扩充势力，准备与纣王对抗。后姬昌的儿子姬发（即周武王）继承了父亲的遗志，礼贤下士，拜姜子牙为军师，率兵讨伐，与纣王军队激战于商郊牧野。终究使得纣王大败无路，纵火自焚。自此，姬发推翻了暴政，建立了自己的周朝统治，开创了历史上的盛世之基。周文王、周武王也因此成为历史上的贤明之君，被后世景仰。

故"古之所谓豪杰之士，必有过人之节，人情有所不能忍者。匹夫见辱，拔剑而起，挺身而斗，此不足为勇也。天下有大勇者，猝然临之而不惊，无故加之而不怒；此其所挟持者甚大，而其志甚远也"。这需要大见识、大度量、大胸襟、大气魄。那些缺乏胸襟气度、目光短略的人只能成为世人的笑柄，以提供血的教训成为他人借鉴的对象。

不着眼于小处的尊卑，在沉默中审时度势、排除万难、积蓄力量，是一种酝酿胜利的高超手段。这实际上体现了一种动态的平衡，是一种形式的转换。正是由于能忍者胸中自有远大的抱负，故而眼光长远，在对自己暂时不利的形势下隐忍深沉，以图将来，终成他人所未有的大事。

要顾全大局，学会作壁上观

古今中外，但凡取得辉煌成就之人大都有一个共同的特征：不仅目标明确，而且不计小利，胸怀大局意识。在追求人生最终的大目标时，随着许许多多小目标的达成，我们会不时遇到各种小利小成，但此时应该培养长远的眼光，是争一时还是争一世，必然要懂得取舍。

　　鹬蚌相争,坐收渔翁之利,这一谋略就是充分利用对方内部的矛盾和冲突,坐享其成。这就要求首先要对事物的发展趋势有一个正确的判断,对双方乃至多方的情况必须了然于胸,然后抽身而出,不仅避免了鱼龙混杂的消耗,还可享受到非一人之力可取得的成果。把对方二者的争执之力合二为一,沉住气,待双方全部消耗殆尽时,自然便有现成的收获。一代枭雄曹操可谓深谙此法。

　　官渡战败后,袁绍耿耿于怀,终积郁成疾,于建安七年(公元202年)呕血而死。其时,袁氏集团仍有很强的实力,但袁绍的几个儿子却不能同心协力,共继父业,而忙着各自扩充实力。其中以袁尚、袁谭之间的矛盾最为激烈。

　　另一方面,曹操让军队先休整了一段时日,然后利用袁尚、袁谭之间矛盾冲突加剧的机会,渡过黄河,北上征伐。建安七年(公元202年)九月,曹军攻打屯兵黎阳的袁谭,袁谭无力抵抗,情急无奈,只好向袁尚告急求援。袁尚欲分兵助兄,又怕袁谭借兵不还;但若坐视不管,又怕黎阳有失于己不利,只好让审配守邺城,自己亲率大军救援黎阳。次年二月,两军大战于黎阳城下,结果,袁谭、袁尚、袁熙、高干(袁绍外甥)全部大败,放弃黎阳,退保邺城。曹操占据了冀州的重要门户黎阳,为进一步消灭袁氏集团创造了有利的条件。

　　屡战屡捷之下,曹军诸将都请战乘胜追击,一举拿下邺城。唯独郭嘉在大家的兴头上,出人意料地提出了停止攻击、南征刘表的方案。众人对此迷惑不已:当年下邳攻打吕布时,就是采用了郭嘉的急攻战术,在敌人人困马乏的情况下,围攻两月,终于擒杀吕布;现在二袁已露败相,只要围住邺城,奋力强攻,破城指日可待。此时撤军而调头南下,远征刘表,岂不是给了二袁以喘息的机会?

　　对此,郭嘉自有他的独到见解,他很有把握地解释说:"袁绍生前最喜爱这两个儿子,究竟立谁继业,一直没有定下来。有郭图、逢纪这分属两派的人做谋臣,肯定会让他们兄弟二人内争不断,最终相互分离,反目成仇。此时如果攻势过猛,他们一定会团结一致对付我们;假若暂缓进攻,他们就会为争权夺利而自相残杀。所以,我们不如掉头向南,假装去荆州讨伐刘表,以观其变。等到他们内部发生变乱后,我们再出兵击之,便能一举平定河北了。"

　　听了郭嘉的解析,众人连声称赞,曹操欣然采纳。建安八年(公元203年)八月,曹操下令南征刘表。南下退军后，曹操留下贾信守黎阳，曹洪守官渡，自己回许昌，一路南下，装出进攻刘表的姿态。此时的曹操虽然挥师南下，却是一步三顾，时刻注意着二袁的动静。当曹军率军开拔到西平(今河南西平县西)时，便接到袁谭派辛毗前来请求投降求救的消息。

原来，事态正如郭嘉所料。曹军南撤后，胆战心惊的袁谭、袁尚可谓大喜过望。紧接着，兄弟两人便开始了对冀州的争夺。因为军队装备之争，袁谭在部下的挑唆下，领兵攻打袁尚，结果大败而归，只得逃到平原(今山东平原南)。而袁尚又领兵追踪而至，四面合围而打。袁谭眼看城破将损，一时间无计可施，只好听从郭图的建议，派辛评的弟弟辛毗向曹操投降并求援。

曹操见二袁果然火并，心中万分高兴。在一番恩威并施的试探后，应允袁谭的求降，并立即出兵救援。为了进一步拉拢袁谭，当年(公元203年)十月，曹操赶到黎阳，还与袁谭结成儿女亲家。袁尚得知曹军北渡黄河，急忙放弃围攻平原，退回邺城。

建安九年(公元204年)二月，袁尚又出兵攻袁谭，留下苏由、审配守邺城。曹操乘机出兵，进军至洹水时，苏由率部降操。如此，守城二将中，一将已破。曹军乃直捣邺城，审配坚守不出。曹操让曹洪继续攻城，而自己统军扫清外围，并在邺城周围挖了一条长40里、深宽各两丈的壕沟，引漳水灌入沟中，将城围住。城内给养不足，饿死大半。此时，袁尚不得不率主力部队回撤，救援邺城。但不曾料到途中又遭曹军伏击，袁尚只得仓皇逃至岐山，后至中山。最后，由于曹军一路追击，袁尚竟率残部逃亡幽州，依附次兄袁熙去了。同年(公元204年)八月，审配的侄子审荣在一夜守城时大开城门，迎接曹军入城。邺城遂破，审配亦被处死。

在曹操攻打袁尚时，袁谭趁袁尚回撤得以喘息，并攻掠了河北诸多地区。但谁知曹操攻占邺城后，继续挥戈北进，转而进攻袁谭。袁谭初战不利，便退保南皮(今河北南皮县东北)。建安十年(公元205年)正月，曹军冒着严寒进击，一举攻克南皮，处死了袁谭、郭图。

至此，冀、青二州皆为曹操占据。随后，曹操又再次北上进击幽州的袁熙、袁尚。两人早已成惊弓之鸟，闻风逃奔至辽西乌桓。这样，幽州也就落入了曹操之手。郭嘉精心谋划的巧平二袁之计，至此已经全部实现。

　　郭嘉此计，可谓"鹬蚌相争，渔翁得利"的典型。若当时直接乘胜追击二袁，以曹操的实力，似乎也能取得成功，但强攻硬拼，必然要付出很大的代价。而对于袁氏集团而言，由于曹操大兵压境，内争已退居次要地位，也就是说，袁、曹集团之间的矛盾，已冲淡或暂时压抑住了袁氏内部的矛盾，他们必会"困兽犹斗"，正所谓"一人拼命，万夫莫开"。而曹操此时恰恰采纳了郭嘉的建议，停止进攻，主动退出，使曹、袁矛盾暂时淡化，让袁氏内部矛盾激化，给二袁创造一个自相残杀的时机和环境。借敌人之手削弱敌人的实力，从而坐收渔人之利，这实在是一条综观全局的奇谋妙计。

　　由此可以看出，做人低调、稳扎稳打，是以静制动的沉腹。当某一利益初露端倪时，切忌盲目躁动，此时的冷静沉着才更加可贵。辨析出是一时还是一世，顾大局而舍小利，才有可能获得事半功倍的成果。

　　井底之蛙只能看到井口般大小的天空，如同身陷纷争之中，是无法看到"庐山真面目"的。适时地引身而退，并不是退缩，更不是放弃，而是以回旋之力跳到更高的视角，用全局的眼光纵览长短。这其中是需要静得下心、沉得住气的。待二力相斗而懈时，再全权出击，净收利益最大化。

欲得之，先予之

　　欲擒故纵中的"擒"和"纵"，看似是一对矛盾，实际上它们之间有着非常微妙的关系。古代的阴阳学说中认为阴阳互变，矛盾也会相互转化。军事上，"擒"，是目的，"纵"，是方法。暂时地放弃为的是换来更加有效的获得。

　　古人有"穷寇莫追"的说法。实际上，不是不追，而是看怎样去追。把敌人逼到"死地"，他只得集中全力，拼死反扑，很有可能"置之死地而后生"。不如暂时把眼前的一步放松，使敌人放松警惕，丧失斗志，在紧紧跟随而不逼迫的过程中，消耗对方的气力，然后再伺机而动，甚至能达到兵不血刃的效果。

两晋末年，晋朝名将石勒在得知幽州都督王浚企图谋反篡位的准确消息后，打算率部消灭王浚的军队。然而王浚当时兵多将广，势力难挡，石勒恐一时难以取胜。于是，他决定采用"欲擒故纵"之计，麻痹王浚。

首先，从心理上示弱于敌人。石勒派门客王子春带了大量珍珠宝物敬献王浚，并亲自写信向王浚表明自己有意拥戴他称帝的诚心。信中把王浚说得功劳盖世、威震天下，而当下又正值社稷衰败，中原无主，只有你王浚才有资格称帝。王子春又在一旁添油加醋，说得王浚心里飘飘然的，信以为真。

正在这时，有个名叫游统的人，是王浚的部下，伺机谋叛王浚。游统想找石勒做靠山，万没有想到石勒却杀了游统，将首级送给王浚。如此，使王浚对石勒绝对放心了。

公元314年，石勒探听到幽州遭受水灾，老百姓断粮少饮。而王浚不顾百姓生死，苛捐杂税有增无减，民怨沸腾，军心浮动。

此时，石勒看到消灭王浚的时机到了，他亲自率领部队攻打幽州。这年4月，石勒的部队到了幽州城，王浚还蒙在鼓里，以为石勒来拥戴他称帝，根本没有应战的准备。等到他突然被石勒的将士提拿住时，才如梦初醒。

王浚中了石勒"欲擒故纵"之计，身首异处，美梦成了泡影。

石勒对王浚的"纵"并不是放弃斗争，而是故意示弱；不是长久的大局，而只是暂时的眼前。只有让对方对于眼前的局面有所放松，征服了人心，才能取得最后长远的战果。

老子有言："将欲歙之，必固张之。将欲弱之，必固强之。将欲废之，必固兴之。将欲取之，必固予之。"这种欲取先予的战略，比直接去"求"更容易让对方接受，甚至得到的比最初计划的更多。因为，在一再"予"的过程中，就笼络了对方的人心，淡化"取"的动机，在不知不觉中达到目的。春秋时期的宋公子鲍，就是放弃了眼前一时的小利，"厚施收买人心"，最后取得王位的。

宋公子鲍志在天下，却长期隐忍不发，韬光养晦。一直以来，他广纳人心，散尽家财，周济贫民，在百姓中有了一定威望。

宋昭公七年，宋国大灾，举国粮荒。而宋昭公却不理国政，终日奢靡无度。公子鲍就打开自家粮仓,给百姓放粮。不但做善举,而且做得还非常周到细致:凡是国中70岁以上的老人,都按月发放粮食衣物;并且还不断派人到一些老贤之人、有功之臣的家中去慰问,带去生活所需。对于那些有一技之长的人,他都收养在门下,宽待厚养。宗族亲戚,不分远近,凡有红白喜事,其费用全由他出。等到第二年,灾情并未得到明显改善,但公子鲍的粮仓已经空了。于是,他又去找襄夫人借钱筹粮,救济苍生。

至此,公子鲍已经赢得了良好的社会舆论,举国上下无不念其大仁大义,都明里暗里愿意推助他成为一国之君。连那位襄夫人都不再支持自己的孙儿宋昭公,而是主动要帮助公子鲍除掉宋昭公。

有一天,襄夫人把宋昭公出去打猎的行程密告给公子鲍,让他趁机把宋昭公杀了。公子鲍权衡了当时局势,觉得时机已经成熟,没必要再继续掩饰自己的目的,便让手下一员干将在军中动员:"国母襄夫人有命,今日要扶立公子鲍为国君;我们要同舟共济,共同讨伐无道昏君,拥戴明主!"

由于公子鲍长期恩泽四布,军中上下都对他敬仰已久,早就有扶持公子鲍主理国政之意。就连老百姓听闻公子鲍要夺取王位,也是无不云集响应。

待宋昭公刚一出宫,众人就将其围住。宋昭公在插翅难飞中殒命。公子鲍身边的亲侍合众启奏襄夫人:"公子鲍仁厚得民,宜嗣大位。"于是,在众人的拥戴中,公子鲍成为国君,这就是后来的宋文公。

公子鲍深得"欲取先予"的奥妙,舍予了钱粮,换来了民心。甚至,给予到他自身都经济匮乏了,但仍然坚持。这是因为公子鲍明白,眼下的经济再匮乏、地位再卑微,也都只是一时;他心中真正的大局,在于赢取天下。最终,他成功了。

欲速则不达,急于求成显然是不明智的选择。处理任何事情都要学会掌握和控制好节奏,要想达到某一目的,横冲直撞往往收效甚微,换一种思维,换一条线路,欲擒故纵,先予后取,最后取得的甚至要比我们想象得还要多。

欲擒故纵之计,也即欲得之先予之的一种成功方法,体现了一种投入与获取之间的辩证关系。不着眼于小处的"纵"是一种胸有成竹的把握,而"予"则是一种沉得住气的智慧。凡是敢"纵"、敢"予"之人,胸中一定装有下一步更大的目标。只要我们能把握住"予"要有度,"纵"要能"擒",最终都会得到表象背后的大收获。

个人得失少计较

　　"吃亏"与"不公平"经常会出现在我们的生活里。朋友之间有时会"吃亏"，同事之间有时会"不公平"。过分斤斤计较，是一种愚蠢，更是一种做人的失败。倘若能够以大局的眼光去看待所谓的"吃亏"和"不公平"，抛开是非的争辩，不仅可以保持一种良好的心态，更是创造未来的一个重要保证。

　　几乎所有的领导都喜欢办事得力、不计较个人得失的部下。要取得领导的信任，自己首先要付出巨大的努力。既然吃亏有时是无法避免的，为了大局，又何必要去计较不休、自我折磨呢？

　　斯大林是一个很有"主见"的领导，往往听不进别人的意见，但是有一个人除外，就是华西里耶夫斯基。他的进言策略甚是别致，往往出乎大多数人的意料。

　　工作的时候，在斯大林与华西里耶夫斯基谈天说地的"闲聊"中，华西里耶夫斯基往往不经意地"随便谈谈"军事问题，或者"简单评论"一下国家大事。这种方式既不郑重其事，也不头头是道，更不像一般谋臣那样誓死谏言。

　　奇怪的是，经常在他们聊完了以后，斯大林便会想起一个"好计划"。过不了多久，斯大林在军事会议上便陈述了这个计划。大家听了以后，都惊讶于斯大林的深谋远虑，纷纷称赞。斯大林自然十分高兴。而在场的华西里耶夫斯基同样显得很惊异，并且也与众人一道表示赞叹折服。

　　这样一来，没有人想到这是华西里耶夫斯基的主意，甚至斯大林本人也不这样想了。但是上帝最清楚，最终实施的就是华西里耶夫斯基的计划，只是没有人在乎这些了。

　　华西里耶夫斯基不仅在"闲聊"的时候给斯大林提建议，也在军事会议上进言，这种进言的方式又是非常与众不同。

在会议上，他往往会先讲几条正确的意见，在说的时候他会表现得口齿不清，没有条理或者用词不当，总之是漏洞百出。由于他的座位靠近斯大林，所以只要使斯大林听明白他的意思就行了。

说完了正确意见，他还要画蛇添足地讲两条错误的意见。这时候，他会条理清楚、声音洪亮、振振有词，为的是让错误意见彻底地暴露。这往往使在场的人心惊胆战，觉得这真是一个糊涂之人。

等到华西里耶夫斯基说完了，在斯大林定夺时，很自然地先批判那两条明显错误的意见。斯大林往往批判得痛快淋漓、心情舒畅。然后，斯大林逐条逐句地阐述他的决策。他的阐述当然不像华西里耶夫斯基那样词不达意。但是华西里耶夫斯基非常清楚，斯大林正在阐述的正是他的那几条正确意见，只不过是经过加工、润色了的。

最后，华西里耶夫斯基的意见变成了斯大林的意见，不但被采纳了，而且也得以付诸实施。这时候，谁还在乎斯大林的意见是从哪里来的。

经常有人说华西里耶夫斯基不正常，是个"受虐狂"，不让斯大林骂一顿心里就不好受。华西里耶夫斯基往往是笑而不答。只是有一次，他回敬了那些嘲讽者："我如果像你一样正常，那我的意见也就会像你的意见一样，被丢到茅坑里去。我只是希望前线将士少流血，希望我军打胜仗，我认为这些要比统帅的赞赏和辱骂更重要。"

斯大林是否知道自己采纳的就是华西里耶夫斯基的意见？他既然能够把那些条理不清的正确意见说得头头是道，可见他是用心听了。而傻乎乎的华西里耶夫斯基却不在乎斯大林是否当面肯定他的成绩，不计较个人得失，这也许正是斯大林欣赏他的地方。

如果想要做成一些事情，那么"吃亏"的策略便是必不可少的。"将要取之，必先予之"，这是一种非常高明的处世方法，多少成大事者无不精通此道。暂时的吃亏可以看成是一种投资，舍小得才能够有大得，这是最重要的事情。

身为北宋的三朝宰相，韩琦的性情深厚淳朴、心胸宽广，待人宽宏大量。有一次，韩琦率军驻扎在定州，一天晚上他正在写信，叫一个士兵拿着蜡烛站在他的旁边照明。士兵拿着蜡烛站了很久，不免有点儿懈怠走神。当他环顾左右的时候，没想到蜡烛倾斜，烧到了韩琦的鬓发。

韩琦见状立即用衣袖把火扑灭，他并没有责备士兵，而是继续写信。过了一会儿，韩琦回头一看，发现旁边拿蜡烛的人已经换了。韩琦担心主管的官吏惩罚刚才的那个士兵，急忙把主管的官吏叫来对他说："不要换掉他，他现在已经懂得怎样持蜡烛了。"于是，那个犯错的士兵又回来继续拿蜡烛了。

这件事情后来在军中传开，军中的官兵都十分佩服韩琦的度量，认为他是一个通情达理、待人宽厚的好将领。正是因为韩琦大人大量、性情宽忍，不计较个人得失，所以做官做到了宰相，成就了自己的声名。

韩琦的为人是宽容的，做事的时候不计较一时的短长，不在乎个人的得失，这为他赢得了更多人的尊重。虽然自己有时损失了一点，但是他的收获是在仕途上顺利前进，这样的结果正是丢了芝麻，捡了西瓜。

那些真正有志向、有理想的人，绝不应斤斤计较于个人得失，更不应在小事上纠缠不清，而应有开阔的胸襟和远大的抱负。只有如此，才能成就大事，从而实现自己的梦想。

弃蝇头小利，赢操控大权

生活中，存在着许多舍得与选择，俗语讲：舍得，不舍不得。舍什么得什么，选择之间，往往便有了不一样的格局。我们不要孤立地看待"舍"和"得"，"舍"可能会给我们带来烦恼，甚至困顿，焉知这不是"舍"给予我们的考验与磨炼，足以明眼聪耳、强筋壮骨，使我们有能力获取到更多的"得"。

有了这样的认识后，就应该不断地清点，看看忙忙碌碌中哪些是重要的、必要的，是必须去做的。然后，果断地将那些无益的小事抛弃。有时，为了成就大事，就必须学会放弃小利。诚然，谁都不愿意放弃自己的利益，哪怕很小，也会不舍。但以小成大，才更能体现一个人的胸襟与智慧。

相传，古代北方边境有一个北胡国。游牧民族的野蛮和霸气使得这些蛮夷部落终日向邻国寻衅。

一天，他们派了一个使臣到邻国晋见国王，命令式地要求国王送突厥一匹千里马。邻国的大臣们认为，千里马是先王遗留下来的，不可轻易送人。然而对方的实力又是无法与之匹敌的。为此，国王智忍也大伤脑筋。

第二天，智忍故作轻松地对使者说："我与北胡为邻，区区一匹马怎能伤了我们之间的感情？"随即，就叫使者把马牵走了。

不久，北胡使者又带来国书，表示北胡国王看上了智忍国王妻子的美貌，要求把妻子送给北胡国王。面对北胡国的无礼，智忍的大臣们气得咬牙切齿，强烈要求国王斩掉来使，大不了拼个你死我活。

智忍又摇摇头说："岂可为了一个女人而失去一个邻国？他既然喜欢我的妻子，给他便是。"邻国的很多人不解，越来越觉得自己的国君懦弱无能、胆小如鼠。

北胡国王得了智忍的良马、美人，更觉得智忍真的惧怕自己。于是，对智忍放松了警惕，日夜荒淫，不理朝政。

过了很长时间，北胡国又遣使者向智忍索要大片土地。邻国群臣得信后，有了前两次的"拱手相送"，这一次便很少有人提出抗议了。

没想到，智忍此时勃然大怒，说："土地乃国家之根本，怎能给人！"接着，让侍卫杀了北胡来使并下达命令，迅即向北胡出兵。

北胡军队猝不及防，连战连败，最终全军覆灭。智忍手持宝剑首刃北胡国王，尽灭其国。

智忍为了国家的命运，不惜牺牲自己的良马、爱妻。在他看来，这些纵然也是自己不忍、不甘舍弃的，但相比于一个国家的大局利益而言，这些又显得是微不足道的小利了。所以说，只有不拘泥于小处，才能抓住更大的收获。

有时候，舍得蝇头小利，在失去的同时也将得到别样的收获。甚至可以说，是用小饵在钓大鱼。被日本人称为"电影皇帝"的坪内寿夫，就是凭借让他人感到自己可以付出更多利益而发家致富的。

第二次世界大战之后，日本陷入了贫困的深渊，人们的温饱问题已成为头等大事。而刚从战俘营里被释放出来的坪内寿夫，也只得跟着父亲经营一家很小的电影院。可是，那时的日本国民哪里还有看电影的心思。因此，小影院的上座率很低，一家人的生计都很难维持。

怎样让观众来看电影，这是坪内寿夫天天都在反复思考的问题。他终于想出了一个好办法：一场电影放两部片子。当时所有的电影院都是一场电影放一部片子，而现在坪内寿夫的电影院放两部片子，观众觉得占了便宜，就连本来不想看电影的人也纷至沓来。没多久的时间，坪内寿夫的电影院就赚了一笔很可观的收入。

后来，随着日本经济的不断好转，文化事业也百废俱兴。坪内寿夫对这一趋势发生了很大的兴趣，决定在此方面大干一番。他拿出了自己的全部资产修建了一座电影大厦。这座电影大厦有4个放射状的影厅，可以同时放4部不一样的电影，影厅里用红、绿、橙、蓝4种颜色来区别。4个影厅只有一个入口和一个放映室。这样不仅减少了雇员，还给不同兴趣的观众提供了选择不同影片的机会。

为了吸引更多观众，他在电影院还专门开设了咖啡店、冷饮店、快餐店等，并且在这座电影大厦里还有美观整洁的卫生设施。在当时的日本，这样的电影院是绝无仅有的，有不少观众不是为了看电影，而是为了来参观和欣赏这座电影院的设施和服务。

就这样，经过短短5年的奋斗，坪内寿夫就成了当地赫赫有名的电影皇帝，拥有了上千万的资产。

坪内寿夫的成功妙处就在于，让顾客感到在他的电影院里可以享有无尽的"便宜"，从而赢得了对金钱操控的大权。这正好应了古人的那句话：鱼与熊掌不可兼得。做企业需要耐心，不能急功近利。贪得芝麻，只能使企业失去长远发展的"西瓜"，甚至一步一步下滑直至亏损。在现代市场经济中，任何一个企业要想生存与发展，就必须要有长足的眼光，不被小利遮住眼，不断适应市场变化，选择恰当的企业发展战略和路径，才能创造出独具一格的竞争力。

不仅从商如此，在人生的方方面面也应辨清"小大之分"，懂得"取舍之道"。只有真正把握了舍与得的机制和尺度，才能真正掌控人生的钥匙和成功的门环。要知道，百年的人生，也不过就是一舍一得的重复。这种领悟与精髓，应该贯穿到生活中的每件事情当中。拥有大局眼光，不为眼前的蝇头小利所迷惑，才能赢取更好的机会，打开一片崭新的天地。

合作共赢才是长久之计

在商场中，有一句不成文的俗语："不喜欢赢的人，每个人都喜欢和他做朋友；处处想赢的人，到处都不受欢迎。"

有时，利益就像是一块蛋糕，处在"分子"的位置上；而"分母"的人越多，每个人能分到的就越少。由此，便产生了争抢。但是，如果我们是在联手制作蛋糕，那么，"分子"的蛋糕就会越做越大，人们自然也就不容易为眼下分到的蛋糕大小而感到不平了。因为我们知道，蛋糕还在不断做大。而且，只要把蛋糕做大了，就根本不用再发愁能否分到蛋糕了。

李嘉诚在生意场上只有对手而没有敌人，不能不说是个奇迹。"善待他人，做对手不做敌人"，在任何时候都友善待人，是李嘉诚一贯的做人准则，即使在充满了尔虞我诈、弱肉强食的商场亦是如此。他曾经说过这样一句商场名言："人要去求生意就比较难，生意跑来找你就容易做。"

李嘉诚屡屡在危难之中帮助濒临破产的厂家，被人们称为香港塑胶业的"救世主"。对此，李嘉诚说："差不多到今天为止，我最引以为荣的就是任何一个国家的人，任何一个省份的中国人，跟我做伙伴的，合作之后都能成为我的好朋友，从来没有为一件事闹过不开心。这要靠讲信用、够朋友，还要知道对自己节省、对他人慷慨。"

李嘉诚扶危济困的义举，为他树立起了崇高的商业形象，使他的声誉和声望如日中天。而这种信誉和声望又给他带来了无穷无尽的生意和财富。

李嘉诚的做法就是典型的商场大局意识，即双赢，这已经被越来越多的财富大亨们认为是最明智的选择。"你死我活"这样争抢独占的欲望随着社会的发展，已经越来越被人们所摒弃，因为其结果往往是一无所有，甚至遭遇到比原先更坏的境况。而"双赢"的战略则可以从根本上解决这一矛盾：双方从对抗到合作，从无序到有序，从短暂的存在到永久的矗立，这些都显示出双赢代表着一种奋进的精神、一种公正的理念和一种精明的睿智。

有些人认为，所谓双赢只不过是逃避现实、拒绝竞争的借口，他们只在乎自身眼前之利，终究失去了长远的发展大局。而真正有识的富人则认为，双赢是以理智的态度求得共同的利益，是为了在人与人的关联中赢得更好的结果。它是以积极和奋进的态度为出发点，在对自身环境进行充分而科学分析的基础上做出的明智选择。正所谓"心有多大，舞台就有多大"，有多大的胸怀，就能有多宽的路子。给别人留一杯羹，自己才不致走向穷途末路，才会在互利双赢的循环中走得更远。

如今在大中城市的街道上，西式快餐店几乎遍地可见。有一个值得注意的现象是：有肯德基的地方，基本都有麦当劳。

这一对在行业中竞争最为厉害的对手，却没有哪一方发动过什么"战役"把对方给彻底消灭了。相反，它们在相互竞争中促进彼此的进步，共同培育了市场。

可口可乐和百事可乐也是如此。它们互相视对方为主要竞争对手，但是却从来不搞恶性竞争，甚至连促销活动往往都有意错开。这就是双赢的最好证明。

作为一种理念，双赢体现了一种公正的价值判断，这种公正性不仅表现在对别人利益的尊重上，也表现在对自身利益的取舍上。不得不承认的一个事实是，发展至今，当代社会已是一种共存共荣的社会，自己的生存和发展以牺牲他人的利益为代价的时代已不存在，取而代之的则是必须赢得他人的帮助和合作才能发展和壮大自己。在这个过程中，只有利益共享才能形成良好的合作，才能取得别人的帮助，使自己成功。这种利益共享的合作双赢理念正是公正精神的体现，它符合社会发展的规律。

身在如今这样一个合作型的社会，要想获得更多的成功，就不能把别人的路都堵死。互利和双赢应该是经营者始终要牢记的最高准则和追求目标。无论是对于搭档还是竞争对手，坦诚相待、互利互惠都是经营中的根本。舍弃个人的私有地，才能打造大局的共荣圈。

作为首屈一指的电器品牌，东芝和夏普的互利共赢已经成为商业史上的经典案例。在合作中，夏普公司建立了液晶电视机生产厂，东芝公司将为夏普液晶电视机提供芯片。作为交换，夏普公司则为其提供液晶电视机产品的技术保障。

双方的坦诚为进一步合作奠定了基础，合作范围已经不仅仅局限于此。由于数字电视的不断普及，东芝公司打算为夏普公司提供一系列定制化电视机芯片，那些芯片将能够满足高端数字纯平电视机产品工作负载不断增长的需求。

通过合作，东芝公司和夏普公司成为强有力的联盟阵营。在这之前，东芝公司原计划与佳能公司这个日本另一家极具实力的电气公司合作，推出一款极有前途的纯平电视机技术，即 SED 技术，但遗憾的是后来东芝与佳能之间的合作遇到了障碍。

不过，与佳能公司合作失败，不代表这项计划就此"流产"。与夏普公司进行合作之后，东芝将从全球最先进的电视机屏幕制造商夏普公司处，获得一个可靠的大中型液晶屏幕供应源。对于东芝来说，这显然是一大进步。

这次合作对两家公司来说都产生了积极的作用。夏普公司节约了数十亿美元的芯片研发成本，它们将节约下来的资金投资到液晶电视所需的巨型尺寸专业玻璃生产厂的建设上。

2010 年，双方的合作开始了进一步深化。东芝公司液晶电视机所需的屏幕有 40% 是由夏普提供的，而夏普 Aquos 电视机所需的芯片则有一半左右是由东芝公司生产的。当两大公司展开全方位合作之后，在东京股票交易市场，夏普公司的股票上涨了 2.9%，东芝公司的股票也上涨了 2.5%，均远远超过了日经 225 股票平均指数 1.5% 的涨幅，这足以说明双方的合作是明智的。

夏普公司与东芝公司的双赢合作，均为双方带来了极为丰厚的利润。其实，这种互利共赢的合作又仅仅局限于大企业之间？无论我们想从事何种行业，以何种方式赚钱，这一方法都是百试不爽的。只有懂得"一荣俱荣，一损俱损"的道理，才能适时地忽略个人小利，在双赢的基础上实现利润均涨。

所以说，利益与双赢并不是一对矛盾体，它们是可以辩证统一的。事实上，只有坦诚合作、互惠互利，钱才能赚得省心、赚得安稳。在今天这个残酷的世界上，单打独斗只能是井底之蛙的举动，合作共赢才是真正胸有大志者应有的眼界。

告别小圈子，拓展新网络

自然界中，我们经常能看到大雁排成"人"字或"一"字在天空中飞过。为什么大雁要排成一个队形飞翔？原来，科学家们研究发现，若是每只大雁单独飞行，要比跟着领队团体飞行所耗的体力大 10%左右。

人类亦是如此，要想飞得更高、更远、更快，就必须要从眼前固有的小圈子中跳出来，以更宽广的眼界和更包容的心态去拓展新的人脉网络。

一个人的能力本来就有限，而在当今这个科学交叉、知识融合、技术集成的大背景下，个人的作用更是日渐减小，一个人不可能同时拥有成就事业所必备的所有能力。未来的竞争将是协作性的竞争，个人的力量在激烈的竞争中往往是不堪一击的。

所以，圈子对于在商海中的搏击者的重要性就和面包对饥饿的人的重要性是一样的。而结识什么样的圈子，结识多少个圈子，就是孰大孰小、孰重孰轻的问题了。曾有一位作家说过这样的话："当你和一群雉鸡交往时，你所看到的就是雉鸡的世界；当你和麻雀一起嬉闹时，你所拥有的便是枝头间的快乐；当你与苍鹰为伍时，你得到的是整个蔚蓝的天空。"任何人都可以成为我们人脉网络当中的一部分，但在这张网中，我们必须重点结交那些最优秀的人。借助他们的能量无疑可以让我们在财富之路上得到更多的帮助，走得更远，也更顺畅。

香港地区首屈一指的皮革大王方新道，就是通过"找到了好的合作伙伴"而发迹的。当年皮革行中的一名小学徒，如今创办的西伯利亚皮革行，规模已堪称香港之首。

方新道待人随和、虚怀若谷，许多人都乐于与之相交。其中，程觉民、钱要基、岑主贵3人是他最要好的朋友，也是最好的合作人。

20世纪50年代，方新道在香港开了一间皮革小店，在一个陌生的环境从事一种营业范围十分窄狭的生意，其中的艰苦不难想象。而胸怀大志的方新道不想只谋温饱以遣余生，便想努力扩大自己的生意规模，又被手头不足的资金所困。当时正开银行的程觉民手头颇丰，接到方新道在困难之际的求援，毅然两肋插刀，倾其所有鼎力相助。程觉民的支持使方新道局面大开，财源广进。而方新道也自然是投桃报李，聘请程觉民为董事长，给其高额的贷款利率。

有了经济上的帮助，方新道就大刀阔斧地开始了自己的经营。而在早期的生意运作上，他又主要倚靠自己的盟誓兄弟岑主贵。20世纪50年代中期是方新道皮革行的鼎盛时期，而他的每一项决策，甚至业务上的细节，都有岑主贵倾注的心血。因此，在岑主贵不幸因病去世时，方新道痛失良友和得力助手，曾停业数日以示哀悼。

在皮革行赚了大钱后，方新道又转而兼营房地产和建筑业。而此时生意上的副手便是钱要基。20世纪60年代初，钱要基舍航运，离澳门，只身来到香港。他与方新道本属于一个基督教会的弟兄，来港不久便与方新道联络上，且有相见恨晚之感。钱要基深谙经营之道，在他的协助之下，方新道的生意趋向多元化。方新道名下本已有贸易公司，在钱要基的策划下又大规模在地产界寻求发展。同时，钱要基建议采取预卖楼房的政策，在香港寸土寸金的环境下，为方新道赚取了丰厚的资产。

在如今这个竞争激烈的社会环境中，如果总是在自己的小圈子里偏安一隅，失去了进取与开拓的精神，那么就很难取得成功。英国成功学家曾说："一个人如果在5年之内都没有变化，那将是一件非常可怕的事情，因为那就意味着你只能一辈子这样过下去了。"所以，如果我们内心对井底以外的天空还有所不甘的话，那么就请放开胆量，从过去的小圈子里走出来，投入到新的大格局之中吧。

诚然，过去的小圈子会给人带来无与伦比的安全感和舒适感，但同时，仅仅局限于过去自我狭窄的小圈子里，是万万不足以支持我们完成心中更宏大的梦想的。所以，我们只有敞开自己的心扉，鼓起勇气走出去，才能打开另一片崭新的天空。而且，"走出去"并不意味着抛弃过去的老朋友，只是去面对更广阔的世界，收获更丰富的人脉。

事实上，对于有别于过去的新环境、新朋友越是心怀畏惧，就越不易融进新的圈子里去。反之，如果我们抱着一颗平和的心态去接受外面的世界，那么新的环境同样也会接受我们。从而便拥有了更宽广的视野，以及更庞大的人脉关系网。

菲尔德的一生有许多经典的名言警句，其中"最好的朋友都来自陌生人"更为众人所知。

有一年，菲尔德只身外出旅行。在一个公园中，他看到一位男士正坐在长椅上读着某位作家新出版的著作。刚想走过去，他发现这位男士看起来非常孤傲，这让他犹豫了一下。

这时菲尔德暗自为自己鼓劲，心想："那位作家同样是自己所钦佩的，也许，我和这个男士能够成为朋友。"于是，他走上前去决定试一下。菲尔德坐到男士的身旁，微笑地说道："嘿，这位作家的名作昨天刚刚出版，我跑了几家书店都没有买到，您是在哪里得到它的？真幸运！"

听到菲尔德的声音，那位男士抬起了头看了菲尔德一眼，也礼貌地回答说："这位作家是我的朋友，出版后自然会送我一本先饱眼福了。"

"是吗？这可真意外啊！您能够与这样一位优秀的作者成为朋友，相信您本身也一定是位文学爱好者了，我个人也十分喜爱他的著作，希望能够有机会与您探讨探讨。"

菲尔德的恭维让那位男士放松了不少，他微微一笑，说："他在写作风格上与我是大相径庭的，有时我们甚至会为某些书籍的细节问题争得面红耳赤。不过，这丝毫不会影响我们的友谊，我感觉在争论中我们都会学习到很多东西。"

菲尔德说："是的，是的，当你们再有这样学习的机会时，能否让我也成为其中的一员呢？我也有很多就职于出版界的朋友，相信他们都会喜爱这样的交流机会。"

两个人聊了很长时间，并且越聊越投机，互相说着"相见恨晚"。从此，菲尔德不但认识了一个新朋友，并且他清楚地知道，这个朋友的朋友也会对自己有帮助的。

如此说来，想要打开人生更大的格局，那么不妨对于新的人脉网络抱着一种泼辣的性格，勇于告别过去的小圈子，与各种类型的陌生人进行交往，把越来越多的新朋友汇入我们的人脉网络之中。这些人不仅仅可以在困难之时向我们伸手，更可以拓展我们的眼界，以了解到更多各个方面的信息，从而获得更广泛的成功之机。

吃亏是福,不再患得患失

"吃亏是福",是清代著名书画家郑板桥继"难得糊涂"后的又一字幅。其中之意也不难理解:做人要能吃得了亏;过于计较个人眼前的得失,反而会舍本逐末,丢掉应有的幸福。

吃亏不仅是一种坦荡的做人方式,更是一种睿智的境界。能够吃亏的人,往往有着更加大气的格局。他们不沉陷于是非纷争中斤斤计较,不局限在狭隘的自我思维中。这体现的不仅是一种风度和品质,更是一种大智慧的超越。

被誉为"扬州八怪"之一的郑板桥,善于"养生",即不以物喜、不以己悲。他的诗、书、画艺术精湛,号称三绝。由于他在创作过程中能把诗、书、画三者巧妙结合,独创一格,从而达到了一种全新的艺术境界。这使他精神上有所寄托,豁达而开朗。

但这一切,都是他在官场上"吃亏"后获得的"福气"。年轻做官时,他爱护百姓,因为在灾荒之年为灾民请求赈济而触犯了上司,最后被罢官回乡。但是郑板桥并没有忧郁沮丧,也不为官场失意而郁闷不乐,而是骑着毛驴悠然回到故乡。从此专注于诗、书、画,安然幸福地过着晚年的生活。

郑板桥可谓是一生坎坷,但他始终以乐观的姿态去面对生活。他写过两条著名的字幅,就是流传至今的"难得糊涂"和"吃亏是福",这两条字幅含有深刻的哲理。凭借这种达观大度的心态和大智若愚的智慧,郑板桥不但长寿,而且留下了万世美名。

吃亏,顾名思义,就是利益的损失。在生活和工作中,收获与付出相伴而行,却不可能次次相等。有得也有失,既不会有全得,也不会是全失,而是得中有失、失中有得。吃亏则是收获与付出之间的平衡、得与失中的理性。如何真正领会其中的含义,仁者见仁,智者见智,需要我们在生活中品味,在工作中体会。

在现代工作和生活中,"吃亏是福"更是尤其适用。美国前总统克林顿面对个人名誉的得失时,曾说过这样的话:"如果我每读一遍对我的指责就做出相应的辩解,那我还不如辞职算了。如果事实证明我是正确的,那些反对意见就会不攻自破;如果事实证明我是错的,那么即使有10位天使说我是正确的也无济于事。"如此说来,这里的"吃亏"甚至往往还不是真的有损于己,更多的只是一种工作态度。比如就像以下故事中的主人公用他的亲身经历告诉我们的那样:多做就是福。

"吃小亏,可以获大利。"丹麦某知名品牌武汉办事处主任Eason回忆,当年和他一起削尖了脑袋在公司主动找事做的3个同寝室的兄弟,如今的年收入都已经达到了7位数。"而与此形成鲜明对比的是,另外一个寝室的两位,每天上班混点、下班娱乐的小伙子,现在仍然还在过着和当年差不多的生活。"

和许多知名企业一样,Eason当年所在的公司,每个人只做一个节点上的工作。对于之外的领域,完全没有机会涉足,工作久了不免遇到平台狭窄的局限。为了得到更多的锻炼,Eason在漂亮完成了自己的分内事后,对于其他部门的义务协助工作,也非常尽心尽力,巴不得加入每一个环节的工作,甚至主动要求为其他部门加班,"我们还主动给设计部的女同事买汉堡包,以此'贿赂'她们让我们加入。"

"对于一个年轻的职场人来说,多做就是福啊!"Eason表示,多做,并非是说要当一个被呼来唤去的打杂工,而是也得多动脑子,善于总结经验。

初入职场,很多人会觉得一直很难和其他同事沟通,他们看起来似乎都很忙。其实老板将你招聘到公司就是希望你能马上适应工作,这其中也包括你要马上适应你的工作伙伴。可是,几乎没有人会等着你去适应,因为每个人都有各自不同的工作压力。这个时候,不妨多吃点"亏",不要总盯着眼前自己的这点"分内之事",在合理的情况下多多帮助别人完成分外的工作,才会赢得和同事交流的时间,以此获得更多的工作经验。如此看来,化被动为主动,转"亏"为"福",实则上是切切实实的"以小成大"。

吃亏并非是了无追求、碌碌无为,而是一种理性面对得失和追求的坦然,是一种面对索取和作为的豁然,是旁观于他人追名逐利而仍能保持宁静和明智的超然。如同"而立"、"不惑"、"知天命",在一次次吃小亏的损失中,便练就了一份清醒的思考和平和的情怀。由此达成的气质与境界，可谓是整个生命的蜕变。

在顾全大局的意识下，不再斤斤计较，不再患得患失。亏了一些利益的同时，便也轻盈了身体，涤荡了心灵，从而有了一个潇洒的转身。而人生就是在这样一次又一次洒脱的转身中，舞动出一首精彩的华尔兹！

第五章

放下身段，才可以更安稳地前进

放下身段，其实是一种低调做人的方式。于生活、于人生，都会少去许多纷扰和纠缠，随之而来的便是未来的长久和安稳。没有了争强好胜和锋芒毕露，没有了尔虞我诈和钩心斗角，就会少了扰心的杂念和私欲，也就会减少桩桩烦恼和纠缠。

另一方面，身段也好，身份也罢，都只是一种"自我认同"，这本来是无可厚非的。但这种"自我认同"也是一种"自我限制"，也就是说，怀有这种认同感的人常常会想：因为我是这样的人，所以我不能去做那样的事。如此，只会让我们的路越走越窄。所以，要想更安稳地走出一条属于自己的路，就要放弃一种刻板的身份标榜，让自己回归到普通人中去。

忍辱负重，等待时机

我们每个人从降生到老去，几乎都要遭遇坎坷、经历困苦。当身处风雨飘摇的劣境时，是以卵击石、宁折不弯，还是能屈能伸、安稳图强？这是一种气魄，更是一种大智。

外国名著《麦田里的守望者》里有一句话是这样说的："一个不成熟男子的标志是他愿意为某种事业英勇地死去，一个成熟男子的标志却是他愿意为某种事业卑贱地活着！"而在我们的文化中，讲求的是忍辱负重，讲求的是"扮猪吃虎"。所谓"扮猪吃虎"，就是在强劲的对手面前"若愚"到像猪一样，表面上百依百顺，嘴边抹上猪油，装出一副为奴为婢的卑躬，消除对方的疑忌。一旦时机成熟，即一举如闪电般地击倒对方。

可以说，低伏是为了雄飞，而非隐退；沉默是为了雄辩，而非噤声；忍辱是为了雪耻，而非饮恨。能够放下一时的身段甚至人格，以求现在的安稳、日后的图强，这样的胸襟不但大气，更令人称叹。我国古代便有很多这样的大能者。

战国时期有这样一个高人，上知天文，下通地理，文韬武略无所不能。这个人收了两个徒弟，师兄是齐国人，少时孤苦，但是聪明过人、为人厚道，拜师学习颇受老师的喜爱。师弟是魏国人，天资及学业虽较好，但和师兄比起来就差得很多，而且为人奸猾，善弄权术，又轻易不被察觉。师兄师弟一起学习，一起生活，日子一长，两人的差距就越来越明显了，师弟心里很是忌妒师兄的才能，可在嘴上从未流露过，一再表示将来有了出头之日，一定要举荐师兄，同享富贵。面对同门师弟的好意，心地善良的师兄毫不怀疑。

两人的学业进行了很多年，经过师傅的精心调教，他们的兵法、韬略大有长进。这时，传来了魏惠王招贤纳士的消息。师弟本是魏国人，看到报效国家的机会来了，决定下山应招。临别时，他向师兄保证，此行一旦顺利，马上引荐师兄下山，共同做一番事业。师弟下山后很快就得到了魏王的重用,被拜为军师,指挥魏军东征西杀,屡建奇功,很快就功成名就了,但是始终有一件事让他耿耿于怀,那就是他的师兄。因为在他下山以后,师兄又跟师傅学了3年,而且师兄还有祖传的兵法,若他有一天下山来,便会成为自己的劲敌。

为了防患于未然,师弟思谋良久,忽生一计。他入宫去见魏王,大吹了一通师兄的才能,并自愿修书召他来为魏国出力。于是,魏王大喜,让军师写信请他师兄到魏国共事,并且派了使者带着书信和重金前去相聘。师兄收到书信很是感动,果然欣然而来,想助师弟成就大业。魏王见到这个师兄后认为他才学不凡,想委以重任,便与军师商议。作为军师的师弟当然不希望师兄有机会发挥他的才学,于是推脱说师兄虽然学问渊博,但是没有半点功劳,不如等有功时再委以重任,以服众心。魏王见他说得有理,就依此而行。

师弟的第一步阴谋得逞了。接着他又施一计,诬陷师兄卖国通敌,魏王信以为真,下令要处斩师兄。这时师弟假意求情,建议将处斩改为大刑,免去师兄一死。于是,师兄双腿的膝盖骨被残忍地挖掉了,成了废人。师弟又假意把残废的师兄接到自己府中,殷勤照顾,并且要求师兄著书立传,将平生所学记录在木简之上,这样才不辜负师傅的授业之恩,师兄答应了。就在他开始写了没多久,一名仆人就看不下去,将实情告诉了他。师兄大吃一惊,他心里非常明白,兵书著成之时,就是自己身首异处之日。

师兄很清楚自己的处境,以残废的身体无法和师弟正面对抗,所以他将计就计,在晚饭时,突然扑倒在地,口吐白沫,昏倒半日后方才清醒,一睁开眼便大哭大闹,将所写的竹书全部投入炉火中,所写之书已尽数化为灰烬。看到师兄突然间疯疯癫癫,师弟自然认为他有诈,命人将他拖入猪圈。师兄随即与猪争食,即使师弟命人端来的酒饭,也被他打翻在地,又去抢猪食吃。师兄就这样整日以猪圈为家,又胡言乱语,时间一长,人们都说他真疯了。就连师弟也信以为真他是真疯了。渐渐地放松了警惕。

师兄就这样日复一日地苟且偷生,终于有一天,齐国大将田忌出使到魏国,见到猪圈里的师兄,非常同情他的遭遇,田忌知道他是难得的人才,于是秘密用车将师兄运到齐国。师兄大难不死,并且回到了自己的祖国,立誓以自己的满腹才学和韬略,寻找时机与"同窗好友"较量,报一箭之仇。

后来，师兄成为齐国的军师，率领齐军打败了魏军，杀死了师弟，终于报仇雪恨。从那以后，师兄的才华得以充分地施展，终于成了一代了不起的军事家，并且写下了一部兵家奇书《孙子兵法》。

大家都知道，这位师兄就是孙膑，中国古代伟大的军事家。孙膑一生不但受到了身体上的折磨，而且遭到手足兄弟的迫害，在精神上对他也是不小的打击。在身陷魏国的日子里，孙膑满腹的才学不仅得不到发挥，还有满腔的仇恨无法发泄。甚至连最基本的生存都没有保障，终日朝不保夕。但是他并没有自暴自弃，决定深藏仇恨，等待时机。睡猪圈、吃猪食，整日地装疯卖傻，这样的磨炼是一般人所不能忍受的。

有目标的忍耐，是忍辱负重；没有目标的忍耐，是苟且偷生。无论出于哪种动机，只要坚持了、努力了，就会形成一种不懈的品性，而这种执著反过来会给我们提供巨大的能量。就像压紧的弹簧不是为了永远弯曲在那里，而是为了有朝一日更有力量地迸发。

心甘情愿做"仆人"

在现实生活中，我们不可能事事顺心，有时会遇到不如意的事情，就会使心情不愉快。当你心情不愉快时，动辄出气固然可以缓解一时的心理压力，但从长远来看，对自己并无益处，甚至还可能自毁前程。社会上的人形形色色，在人与人的相处过程中，会遇到很多矛盾和问题，在处理这些矛盾和问题时，不能仅凭自己的心血来潮或一时的意愿，一定要保持理智和冷静。但要做到这一点，必须要懂得退让之道。

中国有句古话：争是不争，不争是争。这句话虽然说得简单，但是饱含了非常深奥的哲理。处处争先看似主动，其实非常被动。自己的意图是明显的，自己的行动更是明显的。别人对你做的事看得一清二楚，经常是争了半天什么也没得到。如果适时地退让一步，暂时不争了，那么就可以变被动为主动，以退为进。成功往往就在这退让中向自己走来，不战而屈人之兵，是最好不过的了。战国时的蔺相如就是一个能进又能退的成功者。

蔺相如是一个文官，他在渑池会上立了功，维护了赵国的尊严，而且还成功地将国宝和氏璧带回了赵国，因此，他能官居相国之位，成为朝中的重臣。

廉颇是赵国的大将，屡次攻城略地，威名远播。他在战场上是常胜将军，守必固，攻必取，几乎百战百胜，威震列国。强大的秦国就是因为廉颇的存在，所以很长时间都没有对赵国采取军事行动。

廉颇的功勋都是在战火中打出来的。在他看来，蔺相如只不过就是要要嘴皮子，可官职却位于自己之上。廉颇心怀不满，公然扬言有机会要当众羞辱蔺相如。

蔺相如知道此事后不以为然，他并不想与廉颇去争高低，而是采取了退让的态度。蔺相如为了在上朝时，不使廉颇觉得位列自己之下，总是称病不去。即使出门的时候，蔺相如乘车远远望见廉颇迎面而来，索性引车躲避，让廉颇的车先过。

蔺相如再三地退让，使自己的门客都看不过去了，门客一齐劝他说："我们因为仰慕您的品德，才来侍奉您。现在您与廉颇职位相同，他对您恶言相向，您却一味地躲避，这实在有悖于您相国的身份，就连我们这些门客都感到耻辱！我们实在没有才能，请允许我们告辞吧！"

蔺相如很理解大家的心情，他竭力挽留他们说："我并不是畏惧廉颇，连秦王如此凶残狠毒的人，我都敢当庭呵斥，羞辱他的群臣，我还会怕廉颇吗？我所担心的是，强秦之所以不敢出兵伐赵，就是因为我和廉颇同在朝中为官，惧怕我们这文武两人啊。如果我们相斗，必有一人受伤，我之所以回避他，完全是考虑赵国的安危啊。"

蔺相如的话传到了廉颇的耳朵里，他如梦方醒，原来蔺相如以国家利益为重，一直不与自己计较，廉颇深感惭愧。为了表示自己的歉意，廉颇赤裸上身，背着荆条，来到蔺相如的府上请罪。从此，两人结为刎颈之交，生死与共。

廉颇自恃功高，喜欢处处争先，这和他带兵打仗有关，并不能完全怪他。相比之下，蔺相如的智慧确实高人一筹。他不仅在关键的时刻能"进"，为国家争得了尊严；在必要的时候，他还能"退"，给自己赢得了尊重，实在是难能可贵。

在平常的生活中，酸甜苦辣总是在不经意间就到来了，我们要"能屈能伸，进退有度"。真正看得远的人，不会计较一时短长，有时候需要高歌猛进，有时候就要暂时退让，退一步才能海阔天空。

张良是汉朝人，他的祖父、父亲都曾当过韩国的相国。秦国灭了韩国以后，张良变卖了自己的所有家产用来收买刺客，为韩国报仇。结果行刺失败，张良不得不改名换姓，逃亡到下邳。

由于国破家亡，张良整日抑郁难以舒展，于是经常到附近散散步。有一天，他闲逛漫步，走到一座桥上，迎面走来一个穿短布衣的老者。张良谦虚有礼，侧身让老者先过，没想到老者走到张良跟前时，竟然将自己的鞋子丢到桥下，还喝令张良："小子，去把我的鞋捡上来。"

张良很是气愤，正想转头就走。又一想，看在老者年纪很大的分上，就做一次好事，便走到桥下把鞋子捡了上来。张良正要把鞋递给老者，老者却说："既然捡上来了，就给我穿上吧。"张良听了更加气愤，可是转念一想，还是将好人做到底吧，于是，他就跪着替老者将鞋穿好了。

老者穿上了鞋，笑了笑，抬腿就走了。可是还没走多远，他又拐了回来，对张良说："孺子可教也，5天后的早上，还在这里会面。"

张良心中感觉莫名其妙，但也没有多想，就满口答应了。5天后，天刚刚亮，张良来到桥上，没想到老者来得比他还早。见到张良，老者生气地指责他："和长者相约，你怎么能迟到呢？5天后，早点过来。"

又过了5天，张良就前往赴约，这次他来得比上次早多了，可等他赶到桥上时，老者又站在桥上等他。老者生气地说："你的架子好大啊，又迟到了，过5天再来。"

5天后张良半夜就出发了，终于赶在老者的前面到了桥上。老者来了以后显得很高兴，笑眯眯地说："这次没有失约，这样才能够成大事呢。"说完，老者送给张良一本书，让他回去苦读10年。

这本书就是兵家奇书《太公兵法》。此后，张良苦读这部兵书，终于成为一代杰出的军事家，作为刘邦的重要谋士，为汉室江山立下了汗马功劳。

张良确实是个忍让的高手，该退的时候退得很到位。不仅捡了鞋，还三番五次地起早去赴约，可以说，他一退再退，真正是心甘情愿做仆人。正是因为他知轻重、懂进退，才练就了一身外软里硬的功夫，从而帮他成就了千古大事。

一个普通的老百姓，让他退一步，他肯定不答应，因为他会患得患失。而那些高瞻远瞩的有识之士，能够看出这退一步对自己的好处，所以会欣然后退，甚至一退再退。要成大事的人，就要有一个良好的心态，要学会从退一步开始，然后再走向成功。

正所谓"有所为，有所不为"，让步其实只是暂时的退却。为了进一尺，有时候就必须先做出退一寸的忍让。切记"两虎相争，必有一伤"的古训，只一步之退，便可海阔天空。

抱头藏尾，等待雨过天晴

在大自然中，我们可以从一些动物的身上学到某种存活和发展的智慧。蛇团成一团，为的是发出最凌厉的攻击，抱头藏尾，伺机而动，一击必成。还有一种动物，却是人们并不喜欢甚至被厌恶的，但它却无孔不入、无处不在，任由人类怎样清理也没有灭绝，它就是蟑螂。

仔细观察之后，我们也许能若有所获：

蟑螂本身是有翅膀的，随时可以飞行一小段。但它却从来不显摆自己的翅膀，大多时候选择一直爬行。因为爬行是最容易找到食物的；加之它们的身体颜色与周围环境极易融为一体，所以选择爬行也是最不容易引起注意的。

蟑螂从来不计较气候和自然环境的优劣，地球上每个有生命的区域都有它们的种群。无论多肮脏的地方及偏远的环境，都有它们的巢穴。它们就这样过着低级却极易生存的生活，悄悄地繁衍，悄悄地庞大。

此外，蟑螂的韧性和适应力非常强。如果没有食物，蟑螂可以存活一个月；没有水，仍可以存活一星期。在没有头的情况下，同样也可以存活一周，无头蟑螂只是因为没有嘴喝水而被渴死。

蟑螂是墙缝里可活、壁橱里可活、阴沟里也可活的昆虫。在人的一生中，我们都会碰上不如意的时候，例如生意衰败、感情失恋、家道中落，等等。当我们身处其中时，无论是客观环境造成还是人为，不就像是在墙缝、壁橱或阴沟里一样吗？这时，身为自然界最高级的动物的我们，不妨考虑一下蟑螂的生存智慧。想想为什么恐龙已经灭绝，而蟑螂却仍然存活，而且生命力愈加旺盛？那是因为它们在最黑暗、最卑贱、最痛苦的时刻，接受、适应并顽强地活了下来。

也就是说，作为人类的我们，在这种时候不要去计较面子、身份、地位，也不要急着出头。沉住气、耐下心，抱头藏尾地隐忍。只要"存在"就有希望、就有机会。等到积攒力量、重新出头的那一天，我们便会得到更多的尊敬。人们往往叹服于强者之下，但打不死的勇士却有更强的号召力和感染力。

古书云："君子藏器于身，待时而动。"一个人的才能就像刀剑的锋刃，可以加以利用，亦可被其所害。因此，夸饰自己的才能好比随意向别人袒露防身的武器。喜欢炫耀而不知收敛，必将招致祸患而不自知。有才之人须懂得藏锋不露，隐器于身，待时而动。

三国时期，群雄争霸看的是谁能够坚持长久，谁能够笑到最后，这其中性格比较急躁的诸侯，如董卓、袁术、袁绍都早早地失败了，因为他们太急功近利、锋芒毕露了，所以过早地消耗掉了实力，失去了民心的支持。而雄霸一方的曹操却不着急称帝，刘备就更加小心潜伏着。下面是一段"青梅煮酒论英雄"的历史佳话。

刘备归附曹操后，每日在许昌的府第里种菜，以为韬晦。用张飞这个粗人的话讲，就是"行小人事"。刘备乃当时豪杰，虽手下将不过关张，兵不过数千，但一向"信义著于四海"。且"盖有高祖之风，英雄之器"，和刘邦一样，都不是屈居人下的将兵之才。曹操是何等人物，遍识天下英雄，当然对刘备有很透彻的了解。他自然也知道，一旦羽翼丰满，刘备将是一位非常可怕的对手。这场酒局，远不是那种朋友畅叙的欢聚，分明是一场政治试探和政治表态的会面。

酒至半酣，两人遥看天上变幻的风云，好像神话中传说的盘龙一样幻妙。曹操感叹地说："龙这种东西，好比世上的英雄。使君啊，你来说说看，当今世上，有谁能够称得上英雄？"

刘备请教似地问："袁术拥有淮南，兵广粮足，算得上英雄吗？"

曹操摇了摇头。

刘备又问："荆州的刘表、益州的刘璋、江东的孙策，以及张绣、张鲁、韩遂等人，他们算得上英雄吗？"

曹操不停地摇头。

刘备仍然装作一脸不解："袁术的堂兄袁绍，虎踞河北，麾下人才济济，应该算得上一个英雄吧？"

曹操说："袁绍看上去厉害，其实胆子很小。虽然他有很多聪明的谋士，可他自己却欠缺一个领导人应有的决断能力。像他这种人，干起大事来总是不愿意付出，见到一点小利益却又不顾危险，不算是什么真英雄。"

刘备以上的这些回答着实高明，因为当时但凡街井小民都会如此回答。这样曹操也就认为刘备见识一般，和常人无异。

接着曹操给出了当世英雄的标准，他说："夫英雄者，胸怀大志，腹有良谋，有包藏宇宙之机，吞吐天地之志者也。"

刘备继续装痴，问道："谁能当之？"

曹操用手指向刘备，然后又指了指自己，说："今天下英雄，唯使君与操耳！"

当时大雨将至，雷声大作。刘备佯装受了惊吓的样子，筷子掉到了地上。

"一震之威，乃至于此。"曹操笑着说："丈夫亦畏雷乎？"

刘备诚惶诚恐地说："圣人迅雷风烈必变，安得不畏？"将内心的惊惶巧妙地掩饰过去了。

当曹操高谈阔论、眉飞色舞、肆无忌惮地抒发英雄气概之时，刘备却能抱头藏尾地寄人篱下，这般忍辱对于一个英雄来说是需要多大的气魄！刘备之锋，路人皆知。只是在当时环境之下，曹操以"锋"为刺，所以不得不藏。倘若真是有锋，便不急露于一时。免了眼前患祸，刘备才有机会装备兵力，以争天下。如若刘备逞一时之快，连声响应，那离杀身之祸就不远了，又何来资本与曹操争天下？刘备用他那特有的执著坚韧，韬光养晦、不露锋芒，给予了"成熟"最完美的诠释。

抱头藏尾是等待机遇，蓄势待发。相信所有智者都懂得，时刻武装好自己，在时机成熟时再崭露锋芒是多么重要。遇到挫折时，暂且平静，沉下心来，藏起本就拥有的锋芒，做更充分的准备，这便是下一次保证成功的关键。懂得适时地"藏锋"，才不会失去更好的"露锋"机会。

那些安心藏锋的人，都能笑对人生中不可改变的事实。"头"和"尾"在现实中蜷缩，内心却在局势和韬略间架起桥梁，这便是智者。学做一个"善藏锋者"，坦然接受坎坷，及时思考自我，随时寻找机遇。此时的"收藏"，不但保住了眼下的安稳，更为彼时的"崭露"铺垫了更通畅的道路。

暂时"低就"是为了将来"高成"

尼采曾说："树之所以能长成参天大树，是因为它把根深深地埋入了土里。"大自然赋予了人类太多的象征，大海之所以能广纳百川，不在于其本身的伟大，而是因为它地势的低洼。正所谓"不积跬步，无以至千里；不积小流，无以成江海"。事物发展的规律总是循序渐进的，欲速则不达。所以很多时候，我们需要脚踏实地地去积累，从低处做起。

如今，有些"志存高远"的人总觉得自己价值不凡、能力超群，在人生的规划中总给自己设定在一个形式上的"高位"。如果没有得到想象中的重视，就觉得他人蔑视了自己。于是便开始躁动，进而失望，感叹大材小用，从此无心工作。

岂不知要想"高就"，就必须首先把重心放低，天天有进步，月月有提升，年年有改变，人生才能有所突破。懂得在恰当的时候"低就"，不是不思进取和沉沦，更非懦弱和畏缩。相反，这在客观上给我们创造了一种机遇，在"低就"中积蓄力量、调整心态、磨炼意志。如此不断地完善自我，"高成"便指日可待。看看下面故事中的这个年轻人是怎样一步步走向成功的。

　　美国著名作家马克·吐温曾接到一封刚从学校毕业的年轻人的信。信中说："我刚刚走出校门，想到美国西部当一名新闻记者。无奈人地生疏，不知马克·吐温先生能否帮忙，替我推荐一份工作？"

　　马克·吐温回信为这个年轻人提出了求职设计的"三步骤"："第一步，向报社提出不需要薪水，只是想找到一份工作锻炼自己；第二步，到任后努力去干，默默地做出成绩，然后再提出自己的要求；第三步，一旦成为有经验的业内人士，自然会有更好的职位等着你。"

　　年轻人认真地按照马克·吐温的"三步骤"去做，结果在职场上不仅得到了"一席之地"，而且还获得了他心仪的"好职位"。

　　起初，不计报酬薪水，可以说是最大程度的"低就"了，但同时，由此获得一个锻炼自己的工作平台，既可以从中获得经验与资历，又可以借此展现自己的能力和才华。倘若不踏上这个锻炼自己的起点，那么"高成"永远只是可望而不可即的空中楼阁。

　　一个介意"低就"的人，只能说明在乎表面的颜面远胜于心中的大志。积弱图强，守弱保刚。没有一条路平整到毫无坑洼，但我们却不能因为坑洼而拒绝前行；没有一片土地平阔到没有低谷，但我们也不能因为低谷而放弃大河山川。相反，只有在坑洼中沉得住气，汲取教训，未来的路才能走得更加宽阔；只有在低谷中积蓄力量，有朝一日挺起腰板时的视野才能更加高远。

　　老辈人曾说：只有踏踏实实做人、认认真真工作，才能取得实实在在的成果。那些取得了较大成就的人，并不是因为一开始便居于高位，也不是他们有一步登天的本领，而是他们懂得只有通过踏踏实实的行动从基层干起，才不会因为各种各样的诱惑而迷失方向，才能经受住成功路上的种种考验，一步一个脚印地向前迈进。

　　中央电视台的著名主持人王小丫可谓已是功成名就，但在她刚刚工作的时候，也并非一帆风顺。

　　大学毕业后，王小丫被分到一家经济类报社当记者，但是领导却安排她在办公室里抄写信封。每天千篇一律的活儿，似乎大材小用，但是她还是一丝不苟地工作。

　　3个月后，领导发现她工作非常认真，信封写得又快又好，破例提名让她担任文摘版、理论版的编辑。

有了这段经历，王小丫更加勤奋、踏实地工作，一步步走向成熟，终于成为一名家喻户晓的著名电视主持人。

无独有偶，《塔木德》上有句名言，也揭示了"低层"的重要性："别想一下就造出大海，必须先由小河川开始。"好高骛远、眼高手低，终究只能让自己局限于旧有的捆绑中不得前进；只有认识到眼下工作的重要性，体会到基层的充实，才会为我们带来不一样的改变。

李刚从名牌大学毕业后，就直接来到一家出版社工作，刚开始他被安排的职位是秘书，每天做些芝麻大的小事，零碎而烦琐。

起初，他还能安心于本职工作，甚至在工作之余也表现得异常勤快，打扫办公室、给主编端茶倒水，都是李刚主动去做的活儿。可是大半年过去了，社里还没有让他做编辑的意思，他不禁开始怀疑这份工作的意义了。他想，自己有这么高的学识，难道只配做这些七零八落、毫无意义的琐事？于是他开始在私下里跟朋友抱怨：迟早有一天我会离开的，等到合同期满，我就走人。从那以后，他在工作中明显浮躁了很多，表现得非常不认真。

一次，李刚偶然碰到了同学梅梅，她也在一家出版社工作，可现在已是一名策划编辑，很受器重。当李刚又开始抱怨时，梅梅对他说："刚开始我也是做秘书工作，和你一样，我当然也想成为一名出色的编辑，但我知道这需要眼下一步一步地努力。所以我觉得你目前最主要的是把这份工作做好，总有一天你会受到重用的。"

李刚听从了梅梅的劝告，工作比原来踏实了很多，浮躁的心态也一扫而光，渐渐地发现自己一直感觉很渺小的工作原来也可以学到很多东西，自己不知不觉中也进步了不少。没过多久，他就开始正式接触了文字编辑的工作。

不要轻视自己所做的每一件事，即便是最普通的，也应全力以赴、尽职尽责地去完成。通往成功的道路向来都是呈螺旋或阶梯式前进的，只有从山脚出发，一步一个脚印地向上攀登，未来的步子才走得稳，成果才握得住。

脸肿了,就不要再充胖子

一个篱笆三个桩,一个好汉三个帮。这句话流传了几百年,可见其中蕴藏了深厚的道理。天才也好,超人也罢,他们的特长和能力只不过局限于某一方面。即使是在自己熟悉的领域里,个人力量有时候仍然会显得力不从心。而在现实生活中,人们又几乎不可能永远只做自己熟悉的事。因此,在力所不能及的情况下,就不要打肿脸充胖子,该求人时便求人。

在追求成功时,低调求人有时候也是一种策略。这并不是低人一等,更没有贵贱之分;而是在必要的时候放下架子,以羸弱之势博得强力支持,以最小的负力获得最大的成果。每个人都有同情心,即使是一个心肠再硬的人也不会冷酷到底。当我们求得别人帮助的时候,可以激发他人乐善好施之心,引起他人的同情,从而为办事扫清障碍。

美国的独立战争是一场非常艰苦的战争,为了驱赶英国的殖民统治者,全军将士英勇奋战,这是一次典型的以弱胜强的战例。战争胜利后,为了表彰军队的功绩,国会对军队做出了很多承诺。

但是国会在善后方面进展得很缓慢,做出的很多承诺也没有兑现。军队认为自己受到了冷落,准备在国会前举行游行。游行的请求送到了华盛顿的手里,华盛顿告诉他们不可以这么做,这是一种叛国行为。那些固执的军官有些愤怒,他们召开了一个会议,准备谋划一次叛乱行动。

如果军官们在会议上达成了一致,那么刚刚建立的美国政权很可能会因此夭折。华盛顿听说后,准备在会议上发言来劝阻他们。华盛顿讲了一个多小时,在座的听众中有很多都是革命中的英雄和军队里的将军。华盛顿的讲话可以说是晓之以理动之以情，他讲到人民过去饱受殖民者之苦，讲到他们为什么要投身革命，讲到他们为何而战。但是，如此语重心长的讲话仍然无济于事，原因其实很简单，国会给他们的承诺太多，无一兑现，华盛顿的话也不能再让他们相信了。

此时，华盛顿也几乎快要无计可施了。他看到自己无法劝服军官们，便不再长篇大论地讲道理了。他把手伸进斗篷里，掏出了一副眼镜。在此之前的很长时间里，人们从来没有见过华盛顿戴眼镜。眼镜在那样的战争时代，被看作是一种很累赘的东西，只有那些身体有缺陷的人才会使用。

华盛顿慢慢地戴上了眼镜，面对这些曾经和他一起浴血奋战的军官们，他说了最后几句话："先生们，我老了，现在，眼睛也快瞎了。"说完以后，华盛顿没有再做任何争取，转身离开了，给在座的所有军官留下了一个苍老而蹒跚的背影。

最后的这句话说得是那么柔软、那么脆弱，所有在场的人听到以后都流泪了，全场一时悄然无声。就这样沉寂了片刻，一个人突然说："噢，天哪！也许乔治是对的。让我们给国会最后一次机会吧。"很多人随即表示同意，军官们的固执与愤怒好像一下子都被化解了。这次会议的结果可想而知，叛乱最终没有发生。

华盛顿的这次"求人"算是级别很高了，他所求的对象不是军队的将军就是开国的功臣。对于这些人来说，一味下达命令已经不能奏效，低调而巧妙地求人才是真正解决问题的办法。为了维护来之不易的胜利，为了让美国人民不受军事独裁的统治，华盛顿以一国总统的身份求人。他如此低调的举动获得了人们的同情心，达到了最终的目的。

在商业经营中，真诚地请求别人的帮助也会收到很好的效果。

1964年，松下电器公司下属有很多家销售公司、代销店等。在所有170个公司中，赢利的只有20几家，其余的全部赤字经营。

作为松下的掌门人，松下幸之助当然不能无动于衷。他邀请了170个公司的代表，召开了一次大规模的公司会议。会议一开始，销售公司、代销店方面就怨声载道，公司的经营方针成了最大的焦点，松下幸之助成了众矢之的。

松下幸之助一直站在讲台上和代表们交流。但逐渐地，交流变成了谈判，持续了两天，而谈判双方始终没有达成一致。

就在第三天的谈判一开始,松下幸之助意外地说了一句话:"使大家蒙受这样的损失,是我松下不好。"然后向大家深深鞠了一躬。松下的态度让在场的所有销售代表都很意外,会场顿时鸦雀无声。松下没有继续前两天的讨论,而是讲了他30年前刚起家时的故事。

原来,松下在30年前制造了电灯泡,他跑到很多家商店希望老板帮他销售,起初很多商店都不同意,经过松下的一再请求后,很多老板同意了。后来,松下经过努力,终于制成了一流的电灯泡,而他的公司也有了很大的发展。

松下最后说:"在座的很多代表就是当年的店主,松下电器能够有今天,多亏了在座的各位,松下目前的难关能否渡过,还要请诸位多多关照。"

此时的松下幸之助早已声泪俱下,他的诚心感动了各位代表,再也没有人责怪他了,双方终于达成了一致协议。

松下电器是当时日本乃至世界一流的大公司,在危难面前并没有以高姿态打压经销商,而是采用了弯腰的策略,激发了经销商的同情,获得了他们的信任,从而帮助自己摆脱了危机。

既然我们不是无所不能,那么求人办事就是在所难免的。如果一味依靠个人力量单打独斗,不但会因力不从心而损耗过多精力,而且往往不如合力而为所取得的成绩。求人和保持自尊并不矛盾,求人办事并不丢失颜面,只是不能过分挺直身板。适时地弯腰并借助一些巧妙的方法和婉转的方式,定会收到如期的效果。

主动示弱，使你变得更强

美国著名心理学家卡耐基曾经说过这样的话："如果你想赢得朋友，让你的朋友感到比你优越吧；如果你想赢得敌人，那就时时刻刻感到比你的朋友优越吧。"

人们往往是同情弱者的，能够打动自己的方式，同样也能打动别人。性情不争、内心不杂的人才会有一种对自我的坦然和对世事的定力，才会不计较一时的强弱。而懂得示弱的人，才不会为人所嫉；示弱仅仅是一种手段，通过此而达到另一番无为而治的境界。

在我们日常的生活中，很多人就是运用这种方式赢得别人的同情，从而达到自己的目的。小孩在想要什么东西的时候，会以哭闹的方式博取大人的同情；路边的乞丐之所以穿得破破烂烂，为的是让人一看就觉得可怜。这种懂得用低姿态换长足安的智慧，早在古代就有所应用。

在北宋太宗时期，曹翰因为得罪了太宗皇上，就被罚到汝州。在汝州的日子里，曹翰为了官复原职并且返回京城，每天冥思苦想，但是始终没有一个好的办法。一天，宫里派了个使者到汝州办事，曹翰发现这是一个十分难得的机会，他决定利用这个使者使自己返回京城。

曹翰想办法见到了使者，流着泪对他说："我的罪恶深重，就是死也赎不清，真不知如何才能报答皇上的不杀之恩。来到这里以后，我每天都在认真地反省自己的错误，将来有机会一定誓死报效朝廷。"

曹翰一边说一边哭，说着说着，他拿出了自己的几件衣服，他对使者说："我在这里服罪，只是家里人口太多，没有人去照顾他们，因为没有食物，他们都快活不下去了，这些都是我用不上的衣物，请您回去以后，帮忙抵押一些银两，交给我家人，让他们也好勉强糊口。"

使者回到宫里,向皇上如实汇报了情况。太宗打开曹翰的包袱一看,在几件衣服里面包有一幅画,画的题目是《下江南图》。这幅画画的是当年曹翰奉宋太祖旨意攻打南唐时候的情景。当时曹翰任先锋官,他作战时非常英勇,立下了不少战功。

太宗看到此画就想起了曹翰当年的功勋,一时心里感到非常难受。曹翰本来就是自己的得力战将,只因一时糊涂犯了错误,对他也实行了惩罚,现在应该知道悔过了。于是太宗怜悯之情油然而生,决定把曹翰召回京城。

曹翰的示弱成功地打动了太宗,一方面,他把自己的生活表现得十分落魄,吃喝不济,还有众多家人无法照料;另一方面,他又巧妙地对太宗提起了旧时的功绩,表明自己还是个可用之才。因此,他的计策一下子就达到了预期的目的。

如果想化解别人的妒忌,或者想找人帮忙把事情办好,那么就必须在身段姿态上下一番功夫。主动示弱,在别人面前表现出愚蠢笨拙,让人觉得自己并不那么优秀;或者把自己从一个高的架位上拿下,以最平视甚至低端的姿态把所面临的困难说得入情入理,引发他人的怜惜或悲悯。

这种放低姿态并不是真的虚弱,而是一种大智若愚的做人智慧,可以减少乃至消除他人的忌妒或不满。忌妒是人们在对比中产生的一种正常心理,事业成功、生活幸运而又锋芒毕露之人必遭人忌。在一时还无法消除这种社会心理之前,做一个懂得示弱的人可以将其消极作用减少到最低程度,使处境不如自己的人保持心态平衡,于人于己均为和谐。

曾经有一位企业家,事业做得很成功,也就免不了被人捕风捉影地制造出一些"丑闻"。有一天,一位记者去拜访他,目的就是想获得一些"内部资料"。

企业家对记者的来意非常清楚,为了缓解气氛,他很轻松地说:"时间还早得很,我们可以慢慢谈。"企业家这种从容不迫的态度无疑让记者大感意外。

企业家先是叫保姆送上了两杯咖啡,当咖啡端上来以后,企业家端起咖啡喝了一口,立即大嚷道:"哦!好烫!"声音之大让在场的人都吓了一跳。咖啡杯随之滚落在地。保姆赶紧过来把东西收拾好。这时企业家又拿起一支香烟,但是却把过滤嘴向外放进了嘴里,接着他又拿起打火机准备点烟。这时记者赶忙提醒:"先生,你将香烟拿倒了。"

企业家听到这话之后，慌忙将香烟调整过来，不料却将烟灰缸碰翻在地。

记者看到生活中的企业家好像和商场中的完全不同，那种趾高气扬的样子被一连串的洋相代替了。记者的感觉也慢慢发生了变化，在不知不觉中，原来的那种挑战情绪消失了，取而代之的甚至多了几分同情。

企业家的目的达到了，这就是他想要的结果。其实，整个过程都是企业家一手安排的。很多时候，当人们发现杰出的人物也有许多弱点时，那种敌对的情绪就会逐渐淡化，在同情心的驱使下，甚至还会产生某种程度的亲切感。

人生在世，若想让他人放松对我们的紧张甚至警惕，保持亲近之感，只要把自己装扮起来，使他人一想到我们就与某种特定的形象联系在一起，而忽略了我们的真实形象。同时，巧妙而不露痕迹地在他人面前暴露一些无关痛痒的小缺点，出点小洋相，以表明自己并非是一个高高在上、十全十美的人，反而会增强我们自身的亲和力，让他人在与我们交往的过程中感到放松。

总之，示弱并不是真的虚弱，而是一种隐于无形的大智慧。从高高在上的姿态降低下来，避免曲高和寡，排除前进道路上那些不必要的障碍。如此，未来的路才会越走越安稳。

虚心，才会得到更多的机会

"虚心学习"虽然说的是一件事，但其中包含了两个状态。首先是虚心，然后才能学习。虚心其实是一种心态，如果心里面装得满满的，认为自己无所不能，那么再多的知识也装不进去，再好的学问也接受不了，这就是人们常说的"空杯心态"。

人非生而知之，如果想不断提升自我，接受更多的知识，首先就要调整好自己示人的姿态。孟子曰："挟贵而问，挟贤而问，挟长而问，挟有勋劳而问，挟故而问，皆所不答也。"倚仗着自己的权势、贤能、年长、功劳、交情来发问,都是孟子所不回答的。如此,不如放下一切"贵、贤、长、勋劳、故旧"等外在的因素,专一而诚心地求教,这样才会有所收获。

另一方面,即使已经掌握了很多知识,也要当做自己尚有诸多不懂,甚至抱着归零的心态,做到虚怀若谷。只有心态上"虚"了,身体上才能"放",思想上才能允许我们接受更多的知识,进而做到不耻下问、不断进步。这样,发展的机会才会越来越多。

曾经有位医术非常高明的老医生,收了一个年轻的医生做徒弟,并且留在诊所内帮忙看诊,年轻的医生聪明能干,逐渐成为老医生的得力助手,老医生理所当然是年轻医生的导师。

师徒两人合作得很愉快,来诊所的病患者也越来越多。时间一长,单凭老医生一个人已经应付不过来了。为了避免病患者等候时间太久,师徒两人决定分开问诊,年轻医生诊断病情比较轻的患者,病情较重的由师傅出马。

就这样实行了一段时间,年轻医生的挂号数量明显增加,师傅的挂号数量开始减少。老医生也高兴地认为:"小病都医好了,看大病的自然就少了。"直到有一天,老医生发现,有几位病患者的病情很严重,但是挂号的时候并没有挂自己的号,而是挂了徒弟的号,这让老医生感到有些蹊跷。

好在师徒两人的感情很好,彼此十分信赖,所以老医生并没多想,更不至于怀疑徒弟从中搞鬼。但是这种现象一直持续着,而且越来越严重,徒弟的房间门庭若市,而老医生的房间却是门可罗雀,这下师傅真的坐不住了。

老医生向一位心理医生请教:"为什么大家不找我看诊?难道他们认为我的医术不高明吗?我可是远近闻名的名医啊,这究竟是怎么回事?"

心理医生没有马上回答老医生的问题,为了解开他心中的疑团,心理医生决定实地考察一下。

心理医生装作一个普通的病人去挂号,挂号的护士对待患者很公平,并没有偏向师傅或者徒弟。于是进入了问诊的环节,这时心理医生发现,在问诊的过程中,年轻医生的经验虽然不丰富,但是他有自知之明,所以问诊时非常仔细,虚心地问这问那,慢慢地研究推敲,跟病患者的互动沟通比较多,而且态度非常亲切,让患者很容易接受。

而老医生这边，情况正好相反。由于师傅的经验丰富，看诊速度很快，往往无须病患者开口多说，他就知道问题在哪里。在态度方面明显没有徒弟亲切，由于资深加上专业，使得他的表情显得冷酷，仿佛对病患者的苦痛渐渐麻痹，缺少同情心。看到这里，心理医生基本上找到了问题的答案了。

是老医生的医术不够高明吗？不是的，问题就出在做事的态度上。年轻医生无论在学习还是工作时，都能保持一个虚心好学的态度。这个心态让他能够放下架子去面对患者，逐渐获得了更多的就诊机会。学习和锻炼的机会多了，他的医术自然会有很大的提高，进而形成良性循环。

"一切真正伟大的东西，都是淳朴而谦逊的"。那些有真才实学的大家，无一不是虚怀若谷、谦虚谨慎的人。

朱棣文是美国华裔物理学家，他是一个典型的学者，既有美国人外向大方的性格，又有着中国人谦虚随和的优点。正是因为他的虚心好学的态度，还有孜孜不倦的研究，终于获得了诺贝尔物理学奖。

在他得奖的那天上午，斯坦福大学为他的获奖举办了一场临时记者招待会，校长盛赞他是一位伟大的物理学家，而朱棣文却特意更正说："不，我只是一位普通的物理学教授。"当记者希望他发表一下获奖的感受时，朱棣文说："对于这次获奖，我深感高兴和荣耀，因为我的研究得到了肯定。我能得到这个奖，只能说是我的运气比较好，当我想到还有这么多比我杰出的科学家都没有得奖，我心里就会觉得十分惭愧。"

当天下午，学校的师生们为朱棣文举行了一场庆祝会，朱棣文感谢人们的祝贺，他说道："斯坦福大学有着出色的学术研究环境，培育了许许多多的优秀人才，我只是其中较为幸运的一个。"当有学生问道，他成功的关键是什么？朱棣文说："我的成功离不开我的父母和家庭，我生活在一个人才辈出的家庭，在整个家族中至少有12位拥有博士学位或大学教授职位，生活在一个人才众多的家庭中，我常常会感觉到自己是一个笨蛋。"

朱棣文的成功多少要得益于父母的成功教育，但是更主要的原因是，在那样一个不一般的家族里，周围优秀的人总是能够给他做出榜样，让他及时发现自己和别人的差距，虚心并且好学逐渐成了他的求学作风。这种虚心以求的态度加上勤奋地工作，让他成为家族里最出色的一员。

　　我们都是从无知到有知，而学习是一件长期而艰苦的事情。无论学到了什么程度，虚心的态度都是必不可少的。因为只有虚心才能让我们客观地认识自己，平衡地处理事情。如此，才会容纳更多未知的事物。

放低身价，才能抬高自己

　　"曲高和寡"固然是一种境界，但是这种情况必然会有一个副产品，那就是孤独。当一个人拥有了别人没有的能力时，能够与之相配的人只会越来越少。锋芒不露，可以说是一个有才华的人所必备的条件。无论一个人水平多高、能力多强，只有放下架子，才能让别人愿意接近，才能在无形之中抬高自己。

　　如果想充分发挥自己的才华，谦逊示人的美德更是必不可少。越是伟大的人越是谦虚待人，也因此赢来了人们的倍加敬重。相反，那些一无所知却自以为是的人，稍有赞叹，便飘飘然起来。他们很容易就失去了对自我的客观评价，自以为在这个世界上唯我独尊，舍我其谁，一副不知天高地厚的架势。这样把自己身价哄抬过高的人想要取得成功，不仅要战胜盲目骄傲的病态心理，还要克服咄咄逼人的做事风格。否则，不仅"和者寡"，而且还会遭到众人的鄙视和怠慢。

　　在日常生活中，有一种人谦逊而富有内涵，另一种人浅薄而肆意张狂。当这两种人戏剧性地碰到一起的时候，往往会引发非常有意思的故事。

　　在纽约的一个既脏又乱的候车室里，靠门的座位上坐着一个满脸疲惫的老人。他走了很长的路，身上的尘土和鞋子上的污泥清楚地说明了这一点。

　　老人等的列车来了，他不紧不慢地站起来，准备往检票口走。就在这个时候，候车室外走来一个胖太太，肥胖的身躯再加上一只很大的箱子，让她在整个候车室里异常显眼。胖太太用力拉着箱子向前走，可是由于箱子过重，她一边走一边喘着粗气。

就在这时，她一眼就看到了前面不远的老人，老人布满尘土的衣着让胖太太以为他是退休的老工人。"喂，老头，你给我把箱子搬上去，我给你小费。"胖太太冲着老人大喊。

那个老人想都没想，接过箱子就和胖太太朝检票口走去。

老人和胖太太都上了车，火车开动了。胖太太安置好行李后抹了一把汗，庆幸地说："多亏有你，不然我非误车不可。"老人礼貌地点了点头。

随后，胖太太掏出了1美元递给老人，老人微笑着接过。

就在这个时候，本次列车的列车长走了过来，对那个老人说："洛克菲勒先生，您好。欢迎您乘坐本次列车。有什么需要请随时跟我说，不用客气。"

"谢谢，暂时没有，我刚刚做了3天的徒步旅行，现在只想休息。有什么需要的话我会告诉你的。"老人客气地回答。

"天哪，洛克菲勒？我没有听错吧？"胖太太惊讶地叫了起来，她竟然让著名的石油大王洛克菲勒先生给她提箱子，而且还给了他1美元的小费，她怎么能做出这种蠢事！胖太太赶紧向洛克菲勒道歉，并诚惶诚恐地请洛克菲勒把那1美元小费退给她。她觉得这种行为简直是对洛克菲勒先生的一种侮辱。

"你根本没有做错什么，为什么要道歉呢？"洛克菲勒微笑着说，"我替你搬箱子是我付出的劳动，这1美元是我劳动所得，所以我收下了。"当着在场所有人的面，洛克菲勒郑重地把那1美元放在了口袋里。

听了洛克菲勒的话，胖太太如释重负，她向洛克菲勒歉意地点了点头。车上的人也对洛克菲勒发出"啧啧"的赞叹，洛克菲勒的平易近人为他赢得了所有人的尊重。

享誉世界的石油大亨的身价理应高高在上，但他却能够让普通的乘客接受他，可见其为人处世的低调平和。那些成就了不平凡事业的大人物，往往是像平凡人一样地生活。他们从来都是虚怀若谷，不会因为自己腰缠万贯而盛气凌人，更不会像一些无知的人一样，喋喋不休地向别人诉说自己是如何成功和发迹的。这是因为他们明白一个道理：放低身价，才能够得到人心。

满招损，谦受益。想让别人接受自己，最好先把自己的姿态降低。因为人们总是容易接受和自己差不多条件的人，甚至是还不如自己的人。能力、水平、头衔、人际，只有在弯得下腰时，才是我们日后挺起腰板的附加值；否则终有一日，这些外在的"身架"终究会把我们的"身价"打落，甚而一事无成。

在中国古代有很多低姿态办大事的例子，三国时期，蜀国的国君刘备在临终之时托孤于诸葛亮，刘备当着群臣的面对诸葛亮说："如果这小子可以辅助，就好好扶助他；如果他不是当君主的料，你自当自立为君。"诸葛亮身为一国丞相，一人之下，万人之上，但是他深知君臣有别，不能妄自尊大，当即跪拜于地哭着说："臣怎么能不竭尽全力，尽忠贞之节，一直到死而不松懈呢？"一边说一边不停地叩头。直到后主刘禅即位以后，诸葛亮被尊为"相父"，他仍然一如既往地辅佐自己的君主。

诸葛亮可以说是功高盖主，但是他从来都是低调做人，也不在众人面前崭露锋芒，低姿态、平和地去干着自己分内的事情。所以，他一生的威望和功绩都超过了蜀国的君主，他用自己的低姿态赢得了人心。

实际上，我们说放低身价，就是放弃一种对自我身份的"认同"。本来，这种身份的认同感并非有太大指摘的地方，但这种"自我认同"也是一种"自我限制"。也就是说，怀有这种认同感的人常常会想：因为我是这种人，所以我不能去做那种事。自我认同越强的人，自我限制也就越厉害。

可怕的是，这种所谓的身份只会让我们的路越走越窄。所以，如果想在社会上走出一条属于自己的路，且走得不那么艰难的话，就要放弃一种刻板的身份标榜，也就是：放下你的学历、放下你的家庭背景、放下你的身份，让自己回归到普通人中去。以富有高度弹性的思想去吸收各种资讯，从而形成一个多样的信息库。这样，我们未来之路就会越铺越庞大、越铺越立体，人生境界才会进入一个崭新的格局。

低调做人，不做"出头鸟"

在我们日常的生活中，有些人的言语锋芒太露，结果得罪了旁人；有些人的行动锋芒太露，结果惹得旁人的妒忌。无论是得罪了别人，还是被别人妒忌，都会为自己增添阻力。如果你的四周都是阻力，那么你已经成为众矢之的，无论做什么都会寸步难行。

那些有阅历、有处世经验的人，他们往往是深藏不露、毫无棱角，看上去似乎都是庸才，其实他们很有可能技高一筹；他们虽然平时不爱说话，可经常有善辩者混在其中；他们好像胸无大志，可是久居人下者不一定就没有雄才大略。

我们生存的环境迫使我们要认识到为人处世所必需的经验：出头鸟难做，容易被枪打；出头的椽子也难做，容易糟烂。要想成事，低调为人是很好的办法，为我们避免了很多不必要的麻烦。

晚唐时期功勋卓著的朝廷重臣郭子仪，因政绩显赫而被封为汾阳郡王，王府就建在长安。自从王府落成之后，郭子仪下令每天都将府门大开，任凭人们自由进出。

一天，郭子仪帐下的一名将官要调到外地任职，特意到王府来辞行。他早就听说王府中鲜有禁忌，便直冲冲一路往前走。当他走进内宅时，恰巧看见郭子仪在一旁侍奉夫人和他的爱女梳妆打扮，一会儿递手巾，一会儿端水，如仆人一样。而郭子仪却在堂前厅后跑来跑去，忙得不亦乐乎。

这位将官虽然当时忍住了讥笑，但刚出了王府就乐个不停。回家后，他忍不住把这个情景告诉了家人，不曾想一传十、十传百，几天的工夫，京城的大街小巷都知道了这个茶余饭后的笑话。

如此，郭府上下的人也不免都有所耳闻。郭子仪的几个儿子听后感到父亲的颜面大大地被羞辱，便相约一起来劝说父亲关上王府大门，禁止闲杂人等出入。他们一个个义愤填膺、慷慨激昂，甚至还搬出了商朝的贤相伊尹和汉朝的大将霍光，以此说明古今上下没有人像父亲这样"透明"的。

郭子仪含笑听完了儿子们的抱怨，之后收起笑容，语重心长地说："我之所以敞开府门，任人进出，并非是为追求那些浮名虚誉，而是为了保全自己，保全我们全家的性命啊。"

儿子们听了，一个个都被父亲这份郑重吓倒，忙问其中究竟。

郭子仪叹了口气，说道："你们光看到郭家显赫的地位和声势，却没有意识到这些是会随时丧失的。正所谓月盈而蚀、盛极而衰，人世同自然，不妨做到急流勇退。可是眼下朝廷又倚重于我，断不肯让我归隐脱身。在这样进退两难之时，如果我紧闭大门，不与外面来往，只要有一个人与我郭家结下仇怨，那麻烦可就大了。你们想，我打了那么多的仗，仇敌会少吗？如果有一个人诬陷我们对朝廷怀有二心，就必然会有人落井下石，那些嫉贤妒能的小人也会从中添油加醋，制造冤案。那时，我们郭家又如何得以保全？"

儿子们听后都默不作声，仔细掂量着父亲这番话的重量。

郭子仪具有很高的政治眼光，他深知官场的险恶。作为一个功勋卓著的高官，他本身就是一只出头的鸟。为了避免遭人妒忌和迫害，他才把自己的府门敞开，并且做出一些惹人笑谈的事情，目的就是为了弱化自己的锋芒，从而缓解别人对自己的不满，这样才能避免成为他人攻击的对象。

纵观历史，历代那些有功的大臣们，能够做到功盖天下而不令主上怀疑，位极人臣而不被众人忌妒，尽享富贵而不被别人非议的，实在是少之又少。其中最重要的原因就是他们不懂得低调做人，他们不明白：低调做人才是自我保护的最佳途径。深谙低调行事之道的人，不管位有多高、权有多重，周围有多少妒贤嫉能的人，都能在危机四伏、人性复杂的丛林中为自己保留一席之地。

春秋时期的孙武，在战场上奔波了十几年，为吴国的兴旺强盛作出了重大贡献，特别是在吴楚的战争中，更是起了至关重要的作用，可以说是功高盖世。战争结束后，吴王阖闾大宴群臣，论功行赏，加官晋爵。

吴王征求众臣意见，问他们谁的功劳最大，众臣一致认为首功非孙武莫属。众臣们的推举正合吴王心愿，因此在所有受赏的大将中，孙武是赏赐最丰厚的。功成名就的孙武，得到了厚禄高官，还有享不尽的荣华富贵。

但是，出乎吴王阖闾和所有人的预料，孙武对于吴王给自己的封赏却坚持不受，而且提出辞呈，要解甲归田，告老还乡，对此，众人都大惑不解。后来吴王实在不愿孙武此时离开，就派伍子胥前去劝说挽留。怎奈孙武去意坚决，任凭伍子胥劝言说尽，终不能使孙武回心转意。

许多人毕生追求的东西在孙武看来却十分淡漠。孙武的归隐除了淡泊名利外，还有另一个原因，那就是十几年的官场生涯，使他看清了官场上政治斗争的阴险狡诈、明争暗斗、尔虞我诈。一些人为了得到权力，采用的手段无所不用其极。如今，他已成为一人之下、万人之上的功臣，其他人的妒忌和攻击都会指向他一人，这时候选择功成身退便是再及时不过的了。

孙武的隐退几乎是把自己的锋芒收了起来，他放弃了高官厚禄，为的是保全性命。这种急流勇退的做法需要很大的勇气，更需要过人的智慧。尤其在当时的情况下，表面上没有任何不好的征兆，危机还没有显现，作出这种决定更需要极强的预见性。

在竞争日益激烈的当今社会，若想在混杂繁乱的关系中时刻享有内心的平安，除了加强自身修养，提高综合素质之外，还要注意做人的方式。我们也许的确做不到古人所说的"无欲则刚"，但也并不能像李白所畅言的"人生得意须尽欢"。凡事有度，适可而止。"木秀于林，风必摧之"、"枪打出头鸟"，这些民谚都是古人留给我们的警示。

"枪打出头鸟"，有才能的人往往会受到无能之辈的排挤，有德行的人常常会受到无德之人的诽谤。所以，要想今后的路走得更远更稳，就要时刻在内心划一道警戒线，明示哪些是可以逾越的，哪些是不能触碰的。这不仅培养了我们不恃争夺、简明淡定的心态，更让我们感受到了胸怀大志的视野。正所谓"小智若仙，大智若愚"，只有懂得矜持低调、不事张扬的人，才能如流水般，川流不息、源远流长。

低下头，就能看见美丽

中国台湾著名绘本画家几米在其作品中有这样的一段话："掉落深井，我开始大声地疾呼，等待救援……天黑了，我黯然低头，才猛然发现水里面满是闪烁的星光。我终于在最深的绝望中看到了最美丽的惊喜。"诗意盎然的语言道出了耐人寻味的哲理，给我们以启迪。

在人生道路上没有风平浪静、一帆风顺。当我们处于绝望或困境之中时，就要学会低下头看一看。或许在不经意间就能发现别样的美丽，继而发现生活中处处充满着的美好，让我们本已冷却的心灵重新充满希望、充满快乐的阳光。

一个青年人在建筑工地上工作，受尽了苦头。夏天暴晒在烈日下，汗流浃背；冬天在大雪纷飞中忍受严寒。但是，为了生活，他不得不继续忍受下去。

有一天，他又拖着疲惫的身子回到家中，看到爱人一如既往地在厨房中忙乎着为他做饭、烧水；几个孩子在屋中快乐地嬉戏，一见到他回家，便都兴奋地扑了上去……这时候，他发觉自己简陋的小屋中竟然充满了别样的温馨。他慢慢地走进厨房，用一种充满爱意的感动将妻子抱起来，转上一圈。妻子的体重并不比50公斤重的石头轻多少，但是，他的内心却洋溢着幸福的味道。

就这样一个小小的动作，就将他一天的疲惫赶走，再也感觉不到任何劳累了。

生活中处处都充满了美，只要我们偶然间低下头去，就能发现别样的美丽，进而减轻内心的种种沉重。当事业陷入低潮、心中没有了指点江山的豪情壮志的时候，一低头，就可以看到亲情的温暖。当这份温暖支持我们走出了困境之时，一低头，又发现自己收获到了乐观的性格与坚毅的品格。有谁能说，这不是一份别样的美丽？当自己的学业出现困境时，心中也不必惊慌、不必失措。只要低下头，就可以看到师长的耐心指导、朋友殷切的鼓励。当自己有一天取得进步时，又可以收获一份努力后丰收的喜悦。又有谁能说，这不是一份永恒的喜悦？

俗话说："低头的都是满满的稻穗，昂头的却都是无果的稗子。"越是成熟、饱满的稻穗，头就垂得越低。只有那些内心空空如也的稗子，才会显得过于招摇，始终把头抬得老高。在生活中，有的人稍遇到麻烦就大发雷霆，这正说明了一个人的浅薄无知。其实，在这个世界上绝不止你一个人存在肝火，有的人之所以不发作，是因为他们的智慧足以熄灭内心的怒火。所以，当我们心中充满怒气的时候，就想想那些饱满的稻穗。多低下头来反省一下自己的内心，当发现有所不足的时候，别样的美丽人生也就从此收获。

老子说，当口中坚硬的牙齿脱落时，柔软的舌头还依然存在。这是想说明，柔弱胜于坚硬，无为胜过有为。在适当的时候，保持适当的低姿态，决不是懦弱与畏缩，而是一种拥有大智的处世之道，是人生一种更高的境界。

范蠡出身于贫寒之家，虽然家境不好，但是却胸藏韬略、聪明异常。年轻的时候，就显露出其非凡的才华。他学富五车，上晓天文、下识地理，无所不通。

在周景王二十六年时，吴国与越国发生了战争，吴国攻打越国，吴王勾践大败，最终仅带领5000名兵卒逃入会稽山。范蠡与越王勾践在穷途末路之时投奔越国，忍辱负重，以期将来有一天能趁机攻打越国。他陪同勾践夫妇在吴国为奴3年后，终于迎来了攻打吴国的时机。

范蠡巧设"美人计"，谱写了一曲西施深明大义献身吴王、里应外合兴越灭吴的千古传奇篇章。范蠡跟随勾践20余年，苦身戮力，存越灭吴，最终成就了越王的霸业，被尊为上将军。但是，他却在那"吴王亡身余杭山，越王摆宴姑苏台"的举国欢庆之时，选择了急流勇退，带上西施隐姓埋名，泛舟五湖，悄然地退出了政治舞台，过上了逍遥快乐的日子。

"水往低处流"，说明"水"是智慧的。"人往高处走"也是说汲饱了智慧之"水"的人才能达到一种境界。范蠡能够在成就一番伟业后，低下头来潇洒隐退，说明了他是智慧的，他的人生也是洒脱的。也正因为他的低头，才看到了以后数年生活中从未体验过的美丽。

如果将我们的人生比作一次爬山运动的话,无论现在的我们处于何种位置,都要记住这样一个道理:在浩瀚的大山中,我们每一个人只是一个小小的分子,无论身处何境,都要学会低下头来,保持低姿态,这样才能发现山下的美丽风景。即便"会当凌绝顶",也要记住低头,因为在漫漫的长旅跋涉中,总难免会有碰头的时候。

掉进深井中,低下头来就可以看到星光的美丽。在人生路上,在困境面前,只要你能够换个角度,用全新的视线捕捉生活中的美丽,也将会有一份美丽的星光照亮你的内心,照亮你前行的道路。

第六章

放下无谓的追究，心宽是座舒心桥

有句歌词是："心，是一个容器。"的确，空间一旦设定，往里面盛放怎样的物质便是"千人千面"了。鸡毛蒜皮的琐事多了，目标理想就少了；死钻牛角尖，可以走通的路就少了；计较多了，能够放下的就少了。

可是，我们每个人又都想把日子过得尽可能舒心些，唯一的办法就是放下计较。这如同是给自己的心灵上了一道防线，使我们不主动地去制造烦恼。摒弃一切的争抢与豪夺，事事容得下，人人宽以待，即便真是听到一些负面的信息，遇到一些不愉快的事情，也会泰然处之，不会因一时的损失而不知所措。身心渐渐得到了涤荡，思想得到了净化，灵魂得到了滋润，心性自然也就被颐养得生生不息。

冤家宜解不宜结

俗话说得好：多个朋友多条路，多个冤家多堵墙。世上有很多条路，但友谊之路是万万不可或缺的。那些真正有所成就的人无一不是广交朋友、少结冤家。处理好人际关系已是成功学中公认的不二法则。

在日常的工作生活中，冤家就是自己人生路上的障碍，树敌过多，说不定哪天自己的通路就会被对手堵死。不要说有时候很多矛盾都是我们主观人为的，就算真的是对方的错，如果我们能够把其中的恩怨主动化解掉，那么就等于是为自己多开通了一条路、多架设了一座桥。正所谓冤家宜解不宜结，这对我们每个人而言都是有意义的。

战国时期，魏国有一个人叫范雎。他满腹经纶、学富五车，但是因为无人引荐，只好寄居在中大夫须贾门下充当食客。

有一次须贾出使齐国，范雎得以以随从舍人的身份一同前往。到了齐国以后，范雎因为谈吐不凡，得到了齐襄王的欣赏。因此被齐襄王赏赐黄金与牛肉、美酒。而作为正使的须贾觉得备受冷落、颜面无存。回国以后，须贾向相国魏齐指控范雎私受贿赂，向齐国出卖情报，有辱使命。魏齐大怒，命人将范雎抓来严刑拷打。

魏齐看到范雎被打得断肋折齿、体无完肤，直挺挺地躺在血泊中动也不动，便命仆人用苇席裹住他的身体，弃于茅厕之中。等到天黑了以后，范雎从苇席中张目偷看，只有一名仆人在旁看守，便悄悄地对这个仆人说："我快要不行了，你如果能让我死于家中，以便殡殓，他日定当重金酬谢你的恩德。"这个仆人见他可怜，又贪图钱财，便向魏齐撒谎说范雎已经死了，当时魏齐正在与宾客喝酒，迷迷糊糊地就命仆人将范雎的"尸体"丢到郊外喂狗吃。

　　范雎趁着夜色回到家中，马上让家人将苇席置于野外，以达到掩人耳目的目的。后来，在郑安平和王稽的帮助下，范雎来到秦国，受秦王重用并拜其为相国，封以应城，称为应侯。

　　范雎终于出人头地，他奏请秦王发兵伐魏。这时的范雎化名张禄，因此魏国还不知秦相是范雎。

　　魏王得知秦王将要东进伐魏，急忙召集群臣商议。信陵君无忌力主发兵与秦国抗衡，相国魏齐则认为秦强魏弱，不宜硬抗，主张遣使求和。于是魏王派中大夫须贾去秦国求和。

　　须贾来到秦国，面见范雎以后才知道秦相张禄就是范雎，幸好范雎宽容大度，饶了须贾一命。范雎将以前的事一一报告给了秦王，他说魏国恐秦，遣使求和。秦王大喜，同意魏国求和。范雎回来对须贾说："秦王虽然同意了议和，但魏齐之仇不可不报，留你一条狗命回去告诉魏王，速将魏齐的人头送来。否则，我将率兵攻打魏国。"

　　须贾回到魏国以后，魏齐听到了消息十分恐惧，连夜逃往赵国，藏于平原君赵胜家中。秦昭王闻之，为给范雎报仇，便设计诱骗平原君至秦，然后派人送信，信中说如不送魏齐的人头到秦国，就不准平原君回赵。魏齐走投无路，只好自杀而死。

　　范雎报了仇以后不忘自己的恩人，他想起王稽和郑安平，便晋见昭王，说道："我本来是一个快要死掉的人，如果不是王稽忠于大王而纳臣于秦，臣不会有今天。还有当年救臣于水火之中的郑安平，请大王恩赐提拔他们。"于是，秦昭王任命王稽为河东太守，让郑安平当了大将军。

　　王稽和郑安平是范雎的朋友，因为有了他们，范雎才能保住性命并当上了秦国的丞相。而魏齐又是范雎的仇人，就因为有了这么一个敌人，所以最后被逼自杀。可见，朋友的益处和仇人的害处都非常重大。

　　大处做得不圆满，可能会招来杀身之祸；小处做得不周到，给自己带来的麻烦也不小。而造成这些小麻烦的原因，往往是因为不能克制自己的情绪，或者根本就是对别人的误解。

　　巴顿将军在美国是个赫赫有名的人物，有一次他来到前线医院看望伤员。当他看到一个病号正在抽泣，就走到他的跟前，巴顿将军问："你为什么哭？"病号抽泣着说："我的神经不好。"巴顿又问："你说什么？"病号回答说："我的神经受到了刺激，我听不得炮声。"

巴顿将军一听，立刻大发雷霆："对你的神经我无能为力，但我要说，你是个胆小鬼，你是浑蛋！"巴顿骂了几句还觉得不够，上去又给了这个病号一个耳光，并喊道："我不允许一个士兵在我们这些勇敢的战士面前抽泣。"

此时的巴顿好像失去了理智，又毫不犹豫地给了那个病号一个耳光，还把病号的军帽丢至门外，接着大声对医务人员说："你们以后不能接收这种士兵，他们一点儿用也没有。不能让这种懦夫在医院内占位置。"

就在走出病房之前，巴顿将军转头又对病号吼道："你必须到前线去，你可能被打死，但你必须上前线。如果你不去，我就命令行刑队把你毙了。"此时的巴顿几乎是疯了，他陷入了不能自控的状态。

记者把这件事报道了出去，在美国国内引起了强烈的反响。很多士兵的母亲要求撤巴顿的职，更有甚者，有一个人权团体还要求对巴顿进行军法审判。

后来，这件事被总司令马歇尔巧妙地化解了，由于当时战事的需要，不能马上处理巴顿，但巴顿还是因为打骂士兵而声名狼藉，这也为他战后被撤职埋下了祸根。

巴顿将军打了一个士兵，表面上是得罪了一个人，实际上是得罪了一群人。他的态度让所有士兵和士兵家属都不能接受，这就给他自己结下了很多的怨恨。而这些怨恨终于有一天给他带来了撤职的后果。

有些人往往是爱憎分明的，对于帮助过自己的朋友，他们会知恩图报；对于曾经迫害过自己的敌人，当然也会有怨抱怨、有仇报仇。所以，切记不要在自己的人生路上制造障碍。

人生路漫漫，谁都可能一不小心就做了错事，伤害了别人，唯一的解决办法就是，当发现自己的问题以后，及时地去解释并道歉，这样才能避免怨恨越积越多。对于那些总是想算计别人的人，还是趁早放弃害人之心为好。总之，在我们的情绪偶有波动时，在我们无法对过往完全释然时，不如提醒自己：冤家宜解不宜结；放下无谓的追求，心宽之后才能享受舒心的生活。

像紫罗兰一样学会宽容

法国著名诗人雨果有句名言："世界上最宽阔的是海洋，比海洋更宽阔的是天空，比天空更宽阔的是人的胸怀。"茫茫人世中，人与人之间难免有碰撞，即便是心地最和善的人也难免会伤害到他人。如果过于计较，不仅会使自己陷入无尽的烦恼之中，也会置旁人于痛苦之中。

所以，我们要以宽容之心多去谅解别人、理解别人。宽容是一种博大的情怀，它能包容人世间的喜怒哀乐；它也是一种至高的境界，使人跃上大方磊落的台阶。心宽了，才能够容纳和理解世上的对错和是非，自然也就避免了许多烦扰。没有烦扰的介入，我们的内心才能够获得平静和快乐。可以说，宽容是洗涤烦恼的灵丹妙药。

唐代著名禅师慧宗酷爱兰花。一次外出弘法讲经前，再三吩咐弟子们看护好他精心培育的数十盆兰花。

弟子们深知禅师爱兰花，因此也倍加细心地侍弄。可不曾想天有不测风云，一天深夜，暴雨把那些恰好被遗忘在户外的兰花糟蹋得一片狼藉。待到弟子们第二天清晨想起时，眼前已全是破碎的花盆、倒塌的花架和被连根拔起的兰花了。几天后慧宗禅师返回寺院，众弟子忐忑不安地上前准备领受师父的责罚。

慧宗禅师听了弟子们的叙述后，神态平静而祥和地宽慰他们说："当初，我种兰花是为了欣赏，而不是为了生气和责罚。"

慧宗禅师用宽以待人的心境阐明了自己的理念，成就了他博大的胸怀。想来，那些没有受罚反得到安慰的弟子们，定会被禅师的这种宽容所打动。

真正的宽恕接纳正如《宽容之心》中所写："一只脚踩扁了紫罗兰，它却把香味留在了那脚跟上，这就是宽恕。"宽恕他人的同时也让我们自己心平气和，如同一杯清茶一般沁人心脾。一个善意的微笑或一句幽默的话语，也许就能化解人与人之间的怨恨和矛盾，填平感情的沟壑。

所以说，宽恕他人实际上也就宽容了自己。生气的根源不外乎一己之利或一己之尊受到了侵犯，于是便勃然大怒、怒火中烧，甚至睚眦必报。这样的反应无非是在拿别人的错误惩罚自己，可谓有百害而无一利。正如莎士比亚告诫后人的那样："不要因为你的敌人而燃起一把怒火，结果却烧伤了你自己。"

一位智者说："你必须宽恕两次。一次是原谅你自己，因为你不可能完美无缺；另外你必须原谅你的敌人，因为你的愤怒之火只会让你变得更加愚蠢。"古今中外的先贤大能，无不是有着一颗宽容之心。蔺相如三让廉颇是宽容，诸葛亮七纵孟获是宽容，鲍子牙不计前嫌举荐孙书敖更是宽容。这些宽容的胸怀被载入史册，至今灿灿生辉，折射着人性的光芒。还有一个人，更是以博大的胸怀留下了"唾面自干"的佳话：

唐代宰相娄师德不仅才高德厚，而且有着非人的胸怀。"唾面自干"的故事就足以为证。

娄师德为官时深得皇帝武则天的赏识，但这样的荣耀和地位也给他招来了很多忌妒，甚至同僚的排挤。

娄师德有一个弟弟。有一次，他的弟弟被外放做官，出任一个州的州官。就在即将赴任之前，前来向兄长辞行，并且向兄长讨教做人和做官的经验。

娄师德语重心长地对弟弟说："我现在得到陛下的赏识，官居宰相之职，势必会遭到一些小人的诋毁。如今你要去做州官，也一定会有人站出来为难我们，如果人家嘲讽我们，我们该怎么样呢？"

弟弟知道哥哥的用意，就很认真地说："我虽然并不聪明，但是我能够忍耐。如果有人把唾沫吐在我的脸上，我自己会把它擦掉。如果有人因为忌妒向我挑衅，我也不去和他计较，假装不知道。"

听了弟弟的话，娄师德似乎并不满意，摇了摇头说："你所做的，正是我所担忧的。人家之所以要向你吐口水，还不就是为了侮辱你。即使你自己把口水擦干了，而且没有对他表示抗议和不满，这样还是扫了人家的兴，没有让他满意。人家没有达到目的，自然不会罢休，下次有机会还会继续找你的麻烦，还会侮辱你。所以，你不要把它擦掉，一直留在脸上，即使口水在脸上干了，也不要擦掉，等到没有人时再把它洗去。"

弟弟听了以后，深感自愧不如，越发佩服兄长的宽容大度了。

被别人吐口水唾到了脸上，这种嘲弄有几个普通人能够经受得了？但是娄师德能，不但能够忍受，还能够让口水自己干了。拥有这种胸怀和度量，也就无愧于被赏识，无愧于一国宰相之位。

宽容是一种美丽。深邃的海洋浩瀚无垠，它的美在于能够宽容惊涛骇浪的一时猖獗；苍茫的森林郁郁葱葱，它的美在于能够忍耐凶猛野兽的弱肉强食；辽阔的天空碧云万里，它的美在于能够接纳雷电风暴一时的肆虐。

所以说，要想生活得更加惬意，就要把自己的心胸打开，用坦荡的气度去容纳他人。一个人的胸怀能容得下多少人，就能够赢得多少人。与他人相处，对他人的要求不过分、不强求，以宽为怀，能让人时且让人，能容人处且容人。如此，感动了对方的同时，也是为我们自己搭了一座舒心桥，内心的安宁与快乐才会源源不断地涌来。

相逢一笑，化解矛盾

人与人之间的交往免不了磕磕碰碰，而且往往都是丁点的小事。如果不知忍让，不去克制，轻易就把火暴脾气发出来，那么这个社会也就没有什么和谐可言了。

能过去的就让它过去好了，尤其是那些恩恩怨怨。冤冤相报何时了，没有人天生就喜欢仇恨别人，也没有人愿意为自己招来很多麻烦。相逢一笑，大家都互相宽容一点，再难的问题也能解决，再多的不愉快也都会烟消云散。

上海有一家大饭店，饭店的生意非常好。一天上午，一个美国人突然闯进经理室，他气势汹汹地对经理说:"你就是经理吗?我刚才在大门口滑倒摔伤了腰。你们的地板太滑了,连个防滑措施都没有,太危险了。马上带我去医务室。"

经理非常客气地说:"这实在抱歉得很,腰还疼吗?我们马上带您去医务室,请您稍坐一下。"

美国人坐在椅子上,继续抱怨不停。饭店经理这时拿出了一双舒适的拖鞋,温和地对美国人说:"请您换上这双鞋,它能让您稍微舒服点儿。医务室已经联系好了,现在我就带您去。"

其实在美国人闯进来时,经理已经看清他的腰部没有多大问题。所以当美国人先走出经理室后,经理就把美国人的鞋交给一个服务员说:"这双鞋后跟已经磨薄了,在我们回来之前把它送到楼下修鞋处换上橡胶后跟。"

检查很快就结束了,结果未发现任何异常,那人也完全冷静下来,随后一同回到经理室。经理微笑着说:"没什么大问题比什么都好,这就放心了,请喝杯茶吧!"

美国人也感到自己方才太冒失了,所以就客气地说:"地板太滑、太危险,我只是想让你们注意一下,没有别的意思。"

这时经理拿出已经修好的鞋,对美国人说:"很冒昧,我们擅自修理了您的鞋。那个鞋匠说,后跟磨薄了确实容易打滑。"

美国人穿上修好的鞋,感觉合适多了。他对经理的技巧大为惊讶,非常高兴地说道:"经理,谢谢您的好意,您的关怀照顾我是不会忘记的。"

两个人愉快地握手以后,美国人走出了经理室。经理送他出门时说:"请您将这个滑倒的事忘掉吧,欢迎您再来。"

美国人消失在人群中。从那以后,只要这个美国人到上海,必定会住进这个饭店,而且还会找到经理聊上几句。

一场突发的事件就这样解决了,也许是因为经理的机智,也许是因为美国人的随和,其实是因为两个人都能宽容谅解对方。一个小的矛盾没有升级,而且结局是皆大欢喜的,这是最让人欣慰的。

每个人都懂得得道多助、失道寡助的道理,尤其是作为领导和上级。在日常的管理过程中,和员工之间的摩擦是不可避免的,要解决这样的问题,还需要双方共同的努力、互敬互让才能维护良好的工作关系，对于相互之间的不愉快还是一笑了之得好。

20世纪80年代的松下电电器公司，在日本同行中位居第一位，在全世界位居第三位。总裁松下幸之助被日本同行尊称为"经营之神"。

松下幸之助有个特点，那就是批评人的时候可是毫不留情，有时甚至是破口大骂。被他骂过的人并不在少数。可是被骂的这些人中却没有人因此而辞职，反而更加积极地围绕在松下幸之助的周围，这是不是很让人费解？

有一个下属工厂的厂长做错了事情，给公司造成了巨大的损失。松下幸之助在自己的办公室里发怒了，他暴跳如雷、破口大骂，边骂边用手里的火钳猛敲火炉，以致最后把火钳都敲弯了。而那个犯错的厂长就站在一边，一句辩解的话都没有。

松下幸之助的情绪很高亢，骂起人来嗓门也很大。厂长因为高度紧张，后来支持不住晕厥了过去。松下幸之助见状，收敛起自己的情绪，叫人用酒将这位厂长灌醒，然后温和地对他说："这火钳是因为你而敲弯的，你可以回去了，但是你要负责把火钳弄直。"这时候那位厂长才松了一口气，松下幸之助叫秘书送厂长回了家。

几天以后，松下幸之助就给这个厂长打电话："过去的事情就让它过去吧，以后好好干就行。另外，我那根火钳你给弄直了没？"

厂长一边笑一边说："照您的吩咐，已经弄直了。"松下幸之助又对这位厂长进行安慰。厂长认识到自己的错误，因此拼命地工作。一段时间之后，他终于成为一个优秀的管理者。

松下幸之助虽然骂人的时候毫不留情面，但是他非常懂得如何收场，如何给对方一个台阶。骂人不是目的，而是为了解决问题，给别人造成伤害就没有必要了。而那个厂长也没有因此嫉恨松下幸之助，他明白自己犯的错误，更明白老板给他的台阶。所以，当他和老板再次通话时，弄直的火钳让他们摒弃了前嫌，将所有的不愉快一笑了之，这是多么明智的举动。

员工也好，老板也罢，没有人愿意给自己多树敌人。人与人的交往中难免要产生小的摩擦和矛盾，既然解决矛盾是最终的目的，那么不妨就放下那些斤斤计较的小心眼，以宽容窄，以大包小。双方都暂时让自己的情绪缓和一下，冷静下来仔细想想自己有哪些地方做得不对。很有可能，我们便会心地一笑，自己的愤怒在不知不觉中也就消失了。

正所谓相逢一笑泯恩仇，更何况那些所谓的"深仇大恨"本就是狭隘的心锁给臆造出来的。和你的"仇人"握手言和吧，在为敌为友之间，不妨留下一条"绿化带"。低一下头，便是给自己多开辟了一条道；放一下行，便为自己今后的去路多添了一个绿灯。

宽容是对仇恨最好的回应

英国哲学家培根曾这样论及报复："报复的目的无非只是为了同冒犯你的人扯平，然而有度量宽谅别人的冒犯，就使你比冒犯者的品质更好。"

"宽"被圣人奉为五德之一，一个宽宏大量的人，才能与众人相交。宽恕就是这样一种比天空更宽阔的胸怀，它能够化解世界上最顽固的敌意和最强烈的仇恨。宽容，往往是对仇恨最好的回应。世界上只有一种人能够做到没有永远的敌人，那就是懂得宽恕之道的人。

对于仇恨来讲，宽恕往往比报复难做得多，但这也正体现了一种对人对事包容、接纳的气度和胸怀。就像《六度集经》中这个故事的主人公一样。

长寿王仁政爱民、慈悲为怀，使国家风调雨顺、民富财丰。然而不曾想却因此而勾起了邻国贪王的野心，准备出兵抢夺。长寿王不愿殃及无辜百姓，便决定舍弃了王位，与儿子长生一起遁隐山林。

贪王占领了长寿王的国土后，欲壑难填，仇意肆起，下令追捕长寿王父子。长寿王在一次敌我力量悬殊的偷袭中，为了保护儿子而不幸被捕。临死前，长寿王看到自己的儿子混杂在人群中，满怀仇恨地盯着贪王，便大声说："希望我的儿子能以仁为诚，以德报怨，不要为我报仇。"

虽然听到了父亲的遗言，但满腔怒火的王子一心只想着报仇。于是他千方百计地得到了贪王的赏识,进而成为贪王的贴身侍卫。

在一次伴随贪王出行的途中,长生刻意让贪王远离随从,在山林间迷了路。筋疲力尽的贪王躺下来休息,在其熟睡之际,长生正准备动手杀了他,但忽然想起父亲的遗言,便犹豫不决起来。

最终,长生决定遵奉父亲的遗言,原谅贪王。同时,主动向贪王表明了自己的真实身份,并说:"你杀了我吧,免得我报仇的念头又死灰复燃。"

震惊的贪王被长寿王父子的宽容和仁慈所感动,当下顿时醒悟,于是将国土归还给了长生,两国从此结为兄弟之邦。贪王自己也一改残暴,像长寿王一样善待人民、体恤疾苦了。

正如圣严法师所说:"慈悲没有敌人,智慧不起烦恼。"真正的宽容来自于博大的胸襟,来自于爱人如己的智慧。的确,心怀宽容,尤其是面对仇恨时仍能容纳对方,是让人肃然起敬的。然而,生命的意义就在彼此的接纳中展现出它的和谐之美。饶恕是一种极高的境界,一个能饶恕别人的人,也会因为自己的生活中不再充满仇恨而得到心灵的释放。

好在,也许我们还没有遭遇像长寿王父子的仇恨,但人们在生活中也大都会受到有意无意的伤害。有的人生气后,随时间而淡化;有的人拿起武器进行反击,并适时而止;有的人,置之一笑,调整好心态,继续走自己的路;而有的人,却无法从不快的心理阴影中走出来,他们常常扒开伤口查看,每看一次,伤口便扩大一分,于是报复心理便随之产生。且不说能否给对方造成痛苦,单就其本人为此所浪费掉的宝贵时间、破坏掉的好心情,也无不使之因受制于别人而偏离了自己原有的人生轨道,心灵自然也就无法自由地飞翔。但反之,当他人以恶劣的态度相向时,我们若能忍耐一时之气,以宽容之心对待,以理智之态处理,那么在不知不觉中便会创造出许多美好。

明代重臣金忠在任兵部尚书时,有个同籍的老乡来京师谋生,想求助金忠略扶一二。但又非常担心金忠容不下他,因为此前自己曾多次侮辱过金忠。

没想到,金忠听说后,非但没有挟嫌报复,反而尽力举荐他。这让跟随金忠多年的手下人气不打一处来,便问金忠:"这个人不是曾经多次伤害过您吗?"

金忠只说了一句:"我举荐他是因为他身上有可以为国家效力的才能,又怎么能以个人的恩怨而有意遮掩呢？"

古人大度容人的英雄气概无疑让我们敬仰。然而反观自己的生活，却并不尽如人意：亲朋好友之间因为一句闲话而争得面红耳赤、形同陌路；邻里之间因为孩子打架而导致大人吵嘴，老死不相往来；夫妻之间因为琐事而同室操戈、劳燕分飞；父子之间因为考试、工作而意见不合，竟至横眉冷对。

但我们是否认识到，这样的事情导致的结果往往都是两败俱伤，彼此身心俱疲。所以说，容忍、宽恕别人，同样也是在善待自己。就像人们常说的，我们的心如同一个容器，当爱越来越多的时候，仇恨就会被挤出去。消除仇恨并不需要刻意地复杂而为，只要放下无谓的争执，用一颗简单、宽容的心来不断充实自己，那么仇恨自然也就没有容身之所了。如此，仁爱的光芒便会照亮我们的心灵，让我们在参透人生智慧的同时，获得那份难得的从容与超然。

不仅要宽恕敌人，还要帮助他们

如果说人的一生中有敌人，那么除了我们自己，也就再无他人了。病痛是自己的敌人，烦恼是自己的敌人。然而，疾病也要治疗，甚至与它为友；烦恼也要面对，进而转为菩提。

对于人生最大的"敌人"，我们都可以"帮助"，又何况于自己心中设定的其他人呢？消灭敌人并不能显示出我们的智慧，因为与之对峙的同时，自身的精力也必将有所消耗，自身的心性也必将有所动乱。人生最大的敌人，不是别人；人生最大的胜利，不是制敌。在帮助敌人的同时，便获得了以德报怨的境界，无论是否能化敌为友，我们的慧根都会越来越丰盈。

战国时期，中山国的相国司马熹勤于政事，向国君请示或商讨国家大事时，常常忘记了时间，一说就是大半天，甚至一直谈到半夜。而国君也非常信任司马熹，很愿意听他的谋论和规划；但因此而逐渐忽略了后宫生活。许多嫔妃都对司马熹意见纷纷，尤其以国君的宠姬阴简为最。

阴简十分憎恨司马熹，一有机会就在国君的枕边说他的坏话。时间一长，国君的态度也有所改变。而司马熹对此也有所耳闻，十分明白自己的处境。于是他决定不能这样坐以待毙，要在适当的时候"帮"阴简一把。

没过多久，机会就来了。赵国为了与中山国互通有无，专门派了一位使者来访中山国。对战国七雄之一的赵国来使，小小的中山国自然是不敢怠慢。国君专门命司马熹寸步不离地陪伴在赵国使臣身边，生怕有一点儿疏忽。

在一次宴会上，司马熹问使者："听说贵国美女如云，尤其擅长音乐，是这样吗？"

使者谦逊地说："并非如此。"

司马熹恰好抓住了这样的话机，紧接着说："我曾经到过许多国家，见过无数美女，但总觉得没有谁能比得上我们国君的宠妃阴简的。她的容貌倾国倾城，仪态婀娜多姿，简直有如仙女下凡一般！"

说者有意，听者亦有心。赵国使者暗自记在了心里，回国后便马上把这一情况禀报给了赵王。赵王听闻，还未见到阴简本人，心里就已经蠢蠢欲动了。于是，赵王再次派使者到中山国，请求把阴简送给自己。

阴简是中山国国君最宠爱的妃子，现在赵王要夺人所爱，中山国君哪里肯应。但如果不给，以赵王的气势必会报复中山国，很多百姓便要蒙难。

正当中山国君左右为难、束手无策之时，司马熹恰如其时地向国君进谏说："启奏大王，臣有一个办法，既可以回绝赵国，又可以避免百姓罹受侵略之苦。"

国君一听十分高兴，忙问道："你有什么万全之策？"

司马熹回答说："您可以立即册封阴简为王后，这样赵王为了不过于丧失体面就不好意思再要人了。"

中山国君立即照办。就这样，中山国保全下来了，阴简也顺利地做了王后。

阴简因为司马熹向国君荐言册封自己为王后，不但不再忌恨司马熹，反而对他感激涕零，尊重有加。司马熹终于摆脱了困境。

帮助敌人，就能让我们减少一敌；而少一个敌人就可以说是多了一个朋友。往往，由敌人转变而来的朋友，会比一般朋友对我们更好。因此，帮助敌人不但是保护自己，更是为自己找到更大的助力。

在当今社会中，战场上两军对阵、杀得你死我活的敌人已经不太常见，更多的是商场里的"冤家"和同行里的对手，正所谓"同行相嫉，文人相轻"。其实，这都是竞争所致。然而，正像达尔文物竞天择的进化法则所阐释的：竞争可以带来进步。

"敌人"可以时刻让我们保持警醒与精进；没有对手，就会松懈，"孤独求败"的高处不胜寒想必就是如此。足球场上的两队竞技，必先相互握手以示感谢后，才可开场；拳击赛开始时，选手要互相鞠躬致意，胜败分晓后还要握手言和；美国总统大选揭晓后，当选者第一件事就是要致电感谢落选的一方。可见，没有了"敌人"，我们的成绩便失去了很多色彩；而帮助敌人，则可以让我们自身更上一层楼。

真正的大智者对于敌人，不但不消灭，反而培养对方成为激励自己上进、成长的对手。英国保守党执政，最怕工党失去在野党制衡的功能；工党执政，最担心的，也是保守党没落。因此各自无不百般地培养对方，成为竞争的对手。

培根曾经说过："没有情人，会很寂寞；没有敌人，也是寂寞的。"人与人之间，有时候朋友可以成为敌人，有时候敌人也会成为朋友，区别就在于我们看人的角度和做人的态度。

在现实生活的为人处世中，我们最好时刻谨记一条原则：朋友可以是永久的朋友，敌人却不要成为永久的敌人。凡是能化敌为友的，必是胸怀韬略、大智若愚者。分歧也好，敌意也罢，在这些心宽之人看来只不过是一些过眼烟云的无谓争执。他们深谙"放下"之道，不仅宽恕了，更进一步"帮助"敌人，从而转成朋友。这样，在追求成功的道路上，障碍便越来越少，心结便越来越开。如此生活下去，还有什么理由不舒心、不幸福呢？

狭路相逢，未必要动勇

古往今来，不知道有多少人因为冲动而付出了高昂的代价，因为忍不了一时之气而毁了自己的前程。感情用事往往是不负责任的，这样做其实是在和自己过不去。虽然一时的发泄让人感到痛快，但是更多的是之后的痛苦会让人后悔何必当初。

遇事不要轻易发火，要学会自制。"让一让，六尺巷"，狭路相逢，未必只有动勇才能解决问题。心平气和地忍一时才能迎来风平浪静，潇洒大度地退一步才能欣赏海阔天空。在与人相处中，如果我们能够放下计较、敞开心胸，多一些宽容，多给他人让出一点空间，那么生活中才会有更多的和睦与快乐。很多时候，弯下腰并不是代表认输，或许还能让我们赢得更多光彩。

胡雪岩是清朝大名鼎鼎的商人。有一次，胡雪岩和庞二合伙做丝业收购，两人齐心协力，抬高国人丝价，同时逼压洋人丝价。事情进行得很艰难，两个人都费了很大劲。

但万没想到的是，临近交货时，生意却出了乱子。

原来是有人在背地里捣鬼，他就是庞二的助手朱福年，外号"猪八戒"。朱福年野心勃勃，想借庞二的买卖在上海丝场上做老大。他一心想要打倒胡雪岩，只是看在东家的面子上，还不敢明目张胆地跟胡雪岩对着干，所以一切都在暗中操作。

胡雪岩的手下发现了朱福年的阴谋，马上告诉了胡雪岩。在当时的上海丝场，凭借胡雪岩的实力和名望，整治朱福年易如反掌，如果要做得狠一点的话，可以让朱福年在整个上海都找不到饭碗。但他却并没有这样做。

朱福年见并没有引起多大的动静，便发展得愈来愈厉害，不仅给胡雪岩作梗，还拿东家的银子去做自己的生意。如此一来，东家庞二自然不能容忍。庞二一定要彻底查清朱福年的问题，狠狠整治他一下，然后将他清扫出门。

这时，胡雪岩反而觉得如此不妥。对待朱福年这样的人，彻底清查之后请他走人，可能会逼得朱福年狗急跳墙。等到那时，就算是治了朱福年，自己也会惹得一身臊。最好的办法是不下手则已，一下手就叫他心服口服。

胡雪岩决定不逞匹夫之勇，不图一时之快，主动让他三分；既要把事情处理得干净漂亮，又要给朱福年留一条后路。胡雪岩先摸清了朱福年做手脚、造假账的底细，然后在账目上查出朱福年的漏洞，但却并不点破真相，也不再深究。一来二去，朱福年感到自己的"把柄"似乎已经被胡雪岩抓到了，但又莫名实情。

在胡雪岩故作姿态的同时，他还给出时间，让朱福年自己去检点账目，弥补过失，等于有意放他一条生路。直到有一天胡雪岩明确告诉朱福年，只要悔过了，他就仍然会得到重用。

朱福年这才如梦方醒，不由得心惊不已，他不明白胡雪岩何以了如指掌。照此看来，胡雪岩高深莫测，真要步步相逼，自己只有死路一条。

胡雪岩看出了朱福年的顾虑，索性开诚布公地说："福年兄，你我相交的日子尚浅，还不知道我胡某人的为人？鄙人一向是有饭大家吃，不但吃得饱，还要吃得好。所以，我绝不轻易敲碎人家的饭碗。过去的事就不多说了，以后怎么做就看你自己。你只要肯尽心尽力，我和庞二爷不会抹杀你的功劳。如果有一天庞二爷不用你了，我这儿很欢迎你。"

朱福年听了胡雪岩的话实在是无地自容，惭愧地说："听了胡先生这样的金玉良言，我朱某人再不肯尽心尽力，就是牲畜了。"从那以后，朱福年不但重新做人，而且成为了胡雪岩最得力的助手。

一个是商场的老将，一个是后辈的高手；两强相遇，不免有一番龙争虎斗。胡雪岩高就高在了以德服人，他没有争勇斗狠，更没有以大欺小。最终的结果是，狭路相逢仁者胜，而且是双赢，真是高明。

如果我们无法对狭路的竞争释然相对，动辄发怒，那么就会既伤身体又伤财，又何谈有舒心的日子？大智者为人处世，是不会随意宣泄自己的情绪的。他们懂得凡事退让一步、放下一截，才是最高明的做法。放下无谓的追究，就等于是为自己日后的进步打下了基础。否则的话,凡事斤斤计较甚至赶尽杀绝,断了别人的路,也就断了、灭了自己的生。

东汉时期有个人叫苏不韦,他的父亲苏谦曾经做过太守。苏谦和司隶校尉李嵩历来不合,他们之间有很深的矛盾。苏谦退职去京师后,李嵩趁机把苏谦收捕狱中,报复多年以来的不快,最终以严刑将他致死。当时苏不韦只有 18 岁。

苏不韦把父亲的灵柩送回家,又把母亲隐匿在武都山里。而后,他用家财招募刺客,准备刺杀李嵩。没想到,刺客失手。后来,李嵩升迁为大司农。

苏不韦并不肯善罢甘休, 他和帮手一起暗中在大司农官署的北墙下开始挖洞。他们没日没夜地挖了一个多月,终于把洞挖到了李嵩的寝室下。

有一天,苏不韦和他的帮手突然从李嵩的床底下冲出来。不巧的是,李嵩去上厕所了。苏不韦愤怒之下,杀了李嵩的小儿子和妻妾,留下一封信便离去了。李嵩回屋后大吃一惊,吓得他在市内布置了很多机关,晚上也不敢安睡。

至此,苏不韦仍觉不够,但又深知李嵩已有准备,杀死他已不可能,于是就挖了李家的祖坟,取了李嵩父亲的头拿到集市上去示众。李嵩听说此事后心如刀绞,又气又恨,没过多久就吐血而死。

李嵩因为私人恩怨不给别人一点活路,非要置苏谦于死地,结果招致苏不韦一生与他为敌,不达目的誓不罢休。李嵩失去了妻子与孩子,而且牵连死去的父亲跟着受辱,自己最终也气郁而亡,实在是得不偿失。而苏不韦为了报仇,耗费了一生精力,失去了自己本来的生活,也不算是一个胜者。这两个人的斗争只能说是两败俱伤。

狭路相逢,不一定就是勇者胜。你死我活的争斗往往只能是两败俱伤,每个人都损失惨重。随着人们思想意识的提高,在这样的情况下,完全可以两方都胜,也即双赢。互相都给别人留一条活路,那么自己也就能安稳地通过。所以,在今后紧急时刻需要作出决断的时候,我们必须反复告诫自己,感情用事不可取。做事路留一步,做人味让三分。

得理也要让三分

在我们平常的生活中，即使自己一方有理，也不要死盯住对方不放。用宽广的胸怀去感化他人，容忍三分。得理也要饶人，进而让我们的人际关系更加和平友善，让生活过得更加舒心安宁。

对于别人的无心之过，就更没有必要将它放在心上，理应大度地原谅；如果对方是故意伤害，也不要一味地寻求报复。正所谓"得饶人处且饶人"，能够得理饶人才是大智。

清朝康熙年间，人称"张宰相"的张英在京城做官。他为人豁达、心胸开阔，很少与人斤斤计较。他的老家有个邻居，这个人比较爱算计，喜欢占小便宜。

有一次，邻居家重建府第，将两家共用之墙拆去并侵占3尺，而且不以为然。张家自然不服，两家引起争端。张家立即发鸡毛信给京城的张英，要求他出面干预。

张英不但没有插手，还作诗一首劝慰自己的家人：

"千里修书只为墙，让他三尺又何妨？万里长城今犹在，不见当年秦始皇。"

张夫人收到张英的回信，当然是见诗如见人，随即命令家人退后3尺筑墙。邻居家看到张家主动退让，非常钦佩张家的涵养。为了表示敬意，也退后3尺。

每家都向后退了3尺，这样两家之间的距离就变成了6尺。这6尺宽的距离就形成了一条小巷，并因此得名六尺巷，被百姓传为佳话。

张英没有因为自己有理而咄咄逼人，他的豁达与礼让感动了邻居，也成就了六尺巷的美名。我们对别人的尊敬也会赢得别人对我们的回敬，互敬互让一定是由一方的主动开始的。

另一方面，这让出的三分表面上看来是吃了亏，但实际上，由此获得的收益甚至要比失去的还要多。这正是一种以退为进的明智做法。

在汉朝时期，南阳太守是一位叫刘宽的人。他为人宽厚仁慈，心地非常善良。对待手下和百姓，从不穷追猛打。每逢小吏或是百姓做错了事，他都只让差役用蒲鞭轻轻责打，以此表示警告。由此，刘宽在老百姓心中有着相当不错的口碑。

刘宽的夫人听说自己的丈夫很得民心，并不十分相信，她想看看刘宽是否真像百姓所说的那样。为了一探究竟，有一天，她让婢女在刘宽办公时端着一碗肉汤走出来，当走到刘宽旁边时，装作不小心的样子把肉汤泼到了刘宽的官服上。

果然，刘宽不仅没发脾气，反而还问婢女有没有烫伤她的手。由此可见，刘宽为人宽容的度量确实超过一般人，刘夫人看后是心悦诚服了。

还有一次在大街上，有个人看见刘宽驾车的牛硬要说是自己的牛。倘若换了别人，一定会据理力争，竭尽全力保护自己的财产。可刘宽什么也没说，叫车夫把牛解下给那人，自己步行回家了。

后来，那人找到了自己的牛，便把刘宽的牛归还回去，还一个劲儿地向他赔礼道歉。刘宽找回了自己的牛后，非但没有责备那个人，还好言好语安慰了他一番，叫来者不必担心，自己是不会怪罪于他的。

刘宽每次被人误解甚至被人捉弄，都不是因为自己的过错。但他总是能既得道理又饶人。在感化了人心的同时，也为自己的从政之路铺垫好了一座舒心之桥。

得理也需让三分，说明对他人缺点的理解和容纳。这样才会受到他人的欢迎，才会拥有亲密的朋友，才会受到更多人的拥戴。

科普勒是16世纪的德国天文学家。在他尚未出名时，就深得当时著名的天文学家第谷的赏识。正在布拉格进行天文学研究的第谷，诚挚地邀请素不相识的科普勒和他一起合作进行研究。

收到邀请的科普勒喜出望外，他连忙携妻带女赶往布拉格，不料在途中却病倒了。第谷得知后，赶忙寄钱救急，帮助科普勒渡过了难关。

后来，科普勒来到布拉格以后，由于没有得到国王的接见，竟无端猜测是第谷暗中作梗。于是便写了一封信，把第谷谩骂了一番后，不辞而别。

没想到第谷收到信以后，显得出奇的平静。他太喜欢这个年轻人了，认定他在天文学研究方面的发展将是前途无量的。他完全没有介意科普勒对他的误会和态度，立即嘱咐秘书给科普勒写信说明原委，并且代表国王邀请他再度回到布拉格。

收到回信的科普勒被第谷的博大胸怀所感染，他回到了布拉格，重新与第谷合作，一起取得了很多重大的天文学发现。

第谷在被误解时，表现出的心胸实在令人敬佩。他不但没有计较科普勒的无礼，而且还用真诚的邀请感化了对方。这不仅赢得了科普勒的尊重，更重要的是为天文学界保护了一个不可多得的人才。

宽容别人的错误是一种修养、一种德行，更是一种处世的学问。而得理时还能饶人，则显示了一种境界。卡耐基说："在劝说的过程中，不可避免地要用到批评的手段。但即使如此，你也不要直率地说：'你错了。'即使别人犯下了'不可饶恕'的错误，在批评对方的时候也一定要讲求适当的方式。恰当地把握批评的方法尺度，才能使批评达到春风化雨、甜口良药也治病的效果。"如果我们都能放下私有的计较，宽心忍让，那么人与人之间的关系则将变得愈加和谐、美好。

易取的是计较，难得的是糊涂

郑板桥的一句"难得糊涂"，引起了古今多少人的浮想联翩，又使多少段世事人生受益。正如"鹰立如睡，虎行似病"的古语所言，真正的大智者往往选择用"装糊涂"替代"装聪明"。纷繁变幻中，透彻于世事人性，以四两之轻弱拨动千斤之沉重。

人们常说感知幸福需要一种钝感力。嘈杂扰攘中，有太多的隔膜和争吵；难得糊涂，便是淡然视之，放松心头的重负，从简从初，转而收集人生更多快乐有益之事。只要我们能在不同的境遇下都抱着一种难得糊涂的心态，简化繁乱、淡化得失，那么自然就会心安神定、波澜不惊。

我们大都知道郑板桥"难得糊涂"4字，却很少了解到它的出处缘由。

有一年，郑板桥专程来到山东莱州的云峰山观仰郑文公碑。因天色已晚而不得不借宿于山间的一处茅屋。

进屋后，眼前一位儒雅老翁，自然是小屋的主人，热情地招待了郑板桥。老人出语不凡，自命"糊涂老人"。

交谈中，老人请郑板桥欣赏陈列在屋中的一方砚台；那砚台如方桌般大小，石质细腻、镂刻精良，让郑板桥大开眼界。

之后老人又请郑板桥题字，以便刻于砚台背面。郑板桥则自觉老人必有来历，便题写了"难得糊涂"4个字，用了"康熙秀才雍正举人乾隆进士"方印。

因砚台颇大，尚有余地，郑板桥则请老人也写一段跋语。俯仰间，一段小楷便赫然而现："得美石难，得顽石尤难，由美石而转入顽石更难。美于中，顽于外，藏野人之庐，不入富贵之门也。"随后也用了一块方印，印上的字却是"院试第一，乡试第二，殿试第三。"

郑板桥大惊，细谈之下才知道老人原来是一位隐退的官员。又有感于糊涂老人的命名，见还有空隙，便也补写了一段："聪明难，糊涂尤难，由聪明而转入糊涂更难。放一着，退一步，当下安心，非图后来福报也。"这就是"难得糊涂"的由来。

人生在世，又岂有时时顺心、事事如意？如此，做人就不应处处斤斤计较、精明计算；该糊涂的时候就不要顾及自己的面子、学识、权势，而一定要糊涂。放下复杂的构思，拾起简单的方式，才可不为烦恼所扰，不为人事所累。

与人交往时，糊涂有时是润滑剂，在自信与亲和的衬托下便拉近了彼此的距离。处理事情时，糊涂有时是助推器，在置身事外的分析中便解决了久困不殆的问题。这是一种大彻大悟的理解，体现了一种智慧大简的境界。而过分较真、过于追求完美，有时反而适得其反。

一位得道高僧自感年老体衰，决定从自己门下的两个得意弟子中选出一个衣钵传人。而高僧对两个徒弟的考核也很简单：各自出门去捡一片最完美的树叶，谁找到了谁就可以继承遗志。

两个徒弟听到师父的题目后，没有多想就领命而去，各自奔走。

没过多久，大徒弟拿着一片非常普通的树叶回来了。这片叶子看上去没有任何特别之处，更谈不上所谓的完美。

而后，又过了很长时间，小徒弟才回来。他两手空空，非常沮丧地对师父说："我看到外面有许多的叶子，但是按照您的要求，我看到这片叶子不如那片叶子好看，那片叶子又不如下一片完美；挑来挑去，我怎么也找不出一片最完美的树叶。"

高僧拿着大徒弟带回来的叶子，颇有深意地对他说："这片树叶虽然并不完美，但是它已经是我看到最完美的树叶，因为我已经从你的身上看到了我所需要的东西。"

结果不言自明，大徒弟继承了高僧的真传。对此，两个弟子的师父进一步向他们解释说："其实，世界上本来就没有绝对的完美。如果事物都完美了，又哪里还有喜怒哀乐，又哪里会有万千生态?我们每天的修行也就没有意义了。修行的目的就是为了去除心中的杂念，让自己的心境尽量达到完美。"

大徒弟的过人之处就在于他的大彻大悟让他明白这个世界上本来就没有完美的树叶，该糊涂时就要糊涂，不能一味地较真。

其实，人生亦如此，没有所谓的绝对完美；而我们立世做人，也不可能时时拔高显精。对于那些不可能达到的程度，我们完全可以糊涂一下，退而求其次。只要心中不再自我纠缠，那么我们的人生就会变得相对"完美"，那些人生中不可避免的瑕疵，也会在糊涂的感觉中变得不再那么难以忍受。

难得糊涂是一种经历，只有饱经风霜的人才能深得糊涂的真谛。难得糊涂是一种境界，只有心中目标恒久的人，才会对细枝末节不屑一顾，才会着眼大方向、统领大局面。难得糊涂是一种资格，名利淡泊、宁静致远的人，他们内涵丰富、底蕴深厚，以平常、平静之心对待人生，泰然安详。难得糊涂也是一种智慧，在纷繁变幻的世道中，能看透事物、看破人性，知风云变幻、处轻重缓急。难得糊涂更是一种做人的方式，只有胸襟坦荡、超凡脱俗之人才能拥有如此包容万象的气度。

看破红尘便是仙，无为中却是有为。此时的糊涂并非懦弱，而是不屑于周围的蝇营狗苟、纷繁复杂，转换成另一份虚怀若谷的心境，保持好另一种淡泊空灵的风格，如此，才会换来潇洒自由的人生活法。

何必证明一时的聪明

《菜根谭》中早有训导："智械机巧，不知者为高，知之而不用者为尤高。"这种"知之而不用"在待人处世上就被有些人称作傻。但恰恰，有时候迟钝一点、傻一点，往往要比过于敏感、过于聪明更加顺畅。

这种傻并不是生理上的缺陷，而是心理上的一种大智慧。不去争抢不是傻，是一种风度；不去琢磨不是傻，是一种境界。即使吃了一点儿亏，也因自身的光明磊落而保全了我们的人格。为人格而傻，为境界而傻，给人信任，予己安全；如此拥有一片晴朗的心空，傻一点又何妨？

因为傻，便容易知足：有吃有穿就幸福，对别人再好的东西也不羡慕。因为傻，便轻松了自己，长寿了身体：不去绞尽脑汁地算计与琢磨，活得自在、活得坦然。因为傻，便给人以信任，给人以安全：人们往往要首先解除了威胁，才有可能相互靠近；那憨憨的傻态，让人感到一种发自内心的真诚和友好。因为傻，便予己于快乐，予己于幸福：没有了那么多的敏感多疑，屏蔽了锋利和残酷，脾气自然也就随和了，心性自然也就宽容了。

一部《阿甘正传》，传递了多少感动，又正色了多少纠纷。

阿甘是一个智商低于80、从小呆头呆脑的弱智。他思想简单、目标单一、行动始终，被所有人以"傻子"唤来唤去。然而，全美足球明星、越战英雄、亿万富翁，这些头衔又不断地被阿甘得到。

当一群孩子要欺负阿甘的时候，他的女伴告诉他快跑！脚跛的他单纯地听从了，没命地跑，快得超过了正常的男孩；球场上，教练告诉他："什么都别想，抢着球就跑！"他又单纯地听从了，结果他跑来了大学毕业证，跑成了"球星"；越南战场上，他的上级告诉他："遇见危险就跑！"他再次单纯地遵从，最后不但平安归来，还跑成了"国家英雄"。

对于这样的"傻帽"行为，阿甘在立志要完成好友生前心愿一事上自己给出了回答。他并没有考虑去做鱼虾生意会给自己带来什么好处、什么恶果，只是单纯地认为这是好友的心愿而必须帮他完成。人们对此举动大加嘲笑，而阿甘只是毫不介意地回答："傻人做傻事。"

也许，果真如老子所说："少则得，多则惑。"知道得越少，反而收获越多；知道得越多，反而越会迷惑。如此说来，简单纯明的人更容易成功。而阿甘则正是这样一个简单的"傻子"，他的思维方式跟常人比起来要简单得多，不会考虑自己的行动将会带来多少好处，若是认为这是应该做的，他就去做。阿甘善于把所有的问题都简单化，简单到只剩下了直奔成功。

可以说，他的头脑非常单纯，对一切事物似乎都茫然无知，如一个刚出生的婴儿一样纯真。由于他的傻，阿甘在做一件事的过程中，可以摒弃许多凡人所具有的疑思顾虑、患得患失；一旦认定目标，就会完全投入其中，达到浑然忘我的境界。阿甘通过自己独特的思维方式将复杂的万象简单化，而常人却往往无法摆脱自身定向思维的框架，将自身的思维方式作为衡量的尺度，进而把眼光局限在事物的表层而忽略了事物的本质。

往往，傻人因为他的简单和实在，给人一种安全感和信任感。和傻人在一起，不用再防备算计、担心陷阱，身心自然也就放松了。在傻人面前，人们很容易确立自己的优势；有了自信，对方也就变得随性，彼此之间也就和谐了。

另外一方面，真正具有大智慧、大聪明的人，给人的印象往往总是显得有点愚钝。在"愚笨"的背后，其实隐含的是一种策略，表面的愚钝可以让别人放松对自己的警惕，才有机会凭借内核的智慧完成大事。

明朝时，有一个叫况钟的小吏，身份十分低微。他一直追随在尚书吕震左右。吕震十分欣赏况钟，因为他头脑精明、办事忠诚。因此，吕震推荐他当主管，逐渐升为礼部郎中，最后出任苏州知府。

况钟初到苏州时，假装对政务一窍不通。遇到手下请示，况钟也佯装不知所措，一切听从下属的安排。

　　这样的情况持续了一段时间，有些品性不正的官吏便露出了马脚。他们看到来了一个昏头昏脑的上级，个个眉开眼笑，认为自己可以胡作非为了，便放心大胆地鱼肉百姓。

　　突然有一天，况钟召集全府上下官员，一改往常的愚笨之态，双目炯炯有神，一脸正气，大声责骂道："你们这些人中有许多奸佞之徒，有些事明明可行，却阻止我去办；有些事明明不可行，却怂恿我去做，以为我是个糊涂虫。你们竟敢如此耍弄我，实在太可恶了！"

　　况钟当即下令，将其中的几个小吏捆绑起来一顿狠揍，然后扔到街上。况钟的这番举动让其余下属胆战心惊，方才明白原来知府大人心里比谁都清楚。从此以后，府里的小吏都一改往日拖拉、懒散之风，积极地工作。苏州从此得到大治，百姓也都过上了安居乐业的生活。

　　况钟的"愚"装得可谓是惟妙惟肖，骗过了手下所有的官吏。他让每个人都自恃聪明，让每个人都敢去骗他。这样他才有机会去了解实情。等到摸清情况后，待到时机成熟，他的"智"就喷薄而出，一刀制敌，干净利落。

　　有句古话说得好："聪明反被聪明误。"历史上不知有多少被聪明"耽误"了的精明人。还有一句老话是说"傻人有傻福"，傻人用他最大的"傻"资本无意中得到的，可能就比聪明人费尽心机谋取的还要多。如此说来，我们大可不必在世人面前争一时长短，赌眼前输赢。不妨把心放宽，把目光放远，去获得真正意义上的智慧人生。

放宽心，凡事多往好处想

人活一世，会遇到许许多多的烦恼。乐观者在面对烦恼时，总在心中做一个更坏的假设来和事实对比，因而他们总是能看到更好的一面；而悲观者总是觉得今日不如往昔，所以烦恼就会很多。

和松下、索尼、本田创始人同时被誉为日本"经营之神"的稻盛和夫说过这样一句话："人生的道路都是由心来描绘的。所以，无论自己处于多么严酷的境遇之中，心头都不应为悲观的思想所萦绕。"

这说的是一种乐观的人生态度，亦可以理解为凡事多往好处想的思维方式。每一件事物都有其不同的侧面，目力所及之下并非就是全部。多数情况下，我们抱着怎样的原始心态去寻求什么，眼睛就会看到什么。那么，不如就多往好处想，多看到阳光的一面，因为，快乐都是自找的。

悲观的人会因为没有朋友而感到沮丧，而乐观的人会觉得没有的幸亏不是生命；悲观的人会认为在路上被劫持暴打一顿后扔到泥坑里是一件极其倒霉的事，而乐观的人会为自己没有被劫匪杀害而感到庆幸；悲观的人会因牙科大夫错把好牙拔去了而忧心忡忡，而乐观的人会高兴地想，幸亏拔错的是一颗牙而不是心脏；悲观的人会因为被邻居难听的歌声吵了午觉而烦恼，乐观的人会高兴地看到在门外号叫的幸好是一个人而不是狼。

或许，悲观的人还会问："假如你马上就要失去生命了，你仍然会保持愉快吗？"

乐观的人说："当然，我会高兴地想，我终于高高兴兴地走完了人生之路，让我随着死神，高高兴兴地去参加另一个宴会吧。"

悲观者最后会问:"这么说,生活中没有什么事可以令你痛苦,你认为生活永远是由快乐组成的一连串乐符吗?"

"是的,凡事只要多往好处想,你就会在生活中发现和找到快乐。因为痛苦往往是不请自来的,而快乐和幸福却需要人们去发现、去寻找。"乐观者快乐地说道。

生活就像一面镜子,你对它笑,它就对你笑;你对它哭,那你看到的也是一副哭相。很多时候,站在不同角度看待同一件事,就会有不一样的看法。心情沮丧的时候,看到的绝对不会是阳光明媚;心境愉快的时候,就算是嘈杂扰攘也会变成热闹活泼的景象。正是因为每一个人的处世态度不同,导致有人欢喜有人忧。

与其愁苦自怨,倒不如换一个角度,凡事多往好处想,心情自然也就会跟着转变。凡事多往好处想,就其本质来说不是权宜之计,而是一种积极的人生态度。抱有这样心态的人们往往都能把握住命运的主动权,坚信自己的力量,坚信阳光总在风雨后,坚信明天会更好。

如此,虽然从事实上来讲,也许不能改变客观事物本身,但却可以引导我们转换视角,改善个人的精神状态。以积极的态度对待不幸,不但可以将不幸造成的损失或带来的不良后果降到最低,甚至有可能影响事物发展的方向,改变自己的不利处境。

某院士虽然一向健康良好,但也曾在2005年出现过一次"身体危机"。某天晚上,他一如往常地工作至很晚,突然感到胸口不适、呼吸困难。幸亏抢救及时,做了心脏支架手术,才算康复。

就在那位院士情绪低落之时,他接到了表哥的电话,第一句话便是:"祝贺你!"

他顿觉莫名其妙,随即感到有些怨愤。他心想,我这么倒霉,还有什么好祝贺的?

没想到表哥接着说:"之所以祝贺你,第一是因为你这个病没有发生在出差途中,可以及时地送到医院;第二,梗塞的只是很小的一段血管,不是重要部位;第三,这件事正好给你一个警告:要注意身体了!"

听完表哥的这段解释,那位院士豁然开朗。从此,他格外注意劳逸结合,饮食平衡;改掉了爱发脾气的毛病,学会了控制自己的情绪。几年以来,身体状况一直很好。没想到,"倒霉事"却变成了"好事"。

凡事多往好处想,心中便是一片朗朗晴空。所谓境由心生,思维方式的差别,给人们带来的影响有时候会大不一样。而且，一旦养成了"往好处想"的思考习惯，便会逐渐形成一种暗示与想象的力量，从而对我们的身心起到指导性的调节作用。

中国科学院心理研究所副教授林春认为，想象对机体的生理活动的确有调节作用。有研究机构对一个想象力十分丰富的人进行了多年研究后发现，只要这个人说他想象出什么事物，就可以观察到他的机体发生了奇异的变化。比如，他说"看见右手放在了炉边，左手在握冰"，这时我们就可以观察到他的右手温度升高了 2℃，而左手温度降低了 1.5℃；当他说"看见自己跟电车奔跑"时，就可看到他的心跳加快；而说"感觉自己安静地躺在床上"时，心跳就减慢了。

由此可见，如何发挥想象与暗示方面的作用，对我们的心理健康有着不可忽视的作用。凡事多往好处想，不要非往死胡同里钻。以进取心追求，以平和心接受，保持美好憧憬，坦然面对缺憾。不为失去而忧伤，不为得不到而郁结；该面对的不躲闪，该承担的不逃避，永远保持一种积极乐观的心态。如此，人生还会有闯不过去的关、跨不过去的坎吗？只要逐渐敞开心扉，让能够照进阳光的空隙越来越宽，慢慢地，即使前方再有阴影，我们也会深知这就是一个简单的"阳光在后"的结果。那时，心中便不会再有恐惧，其性也平，其情也安。

第七章

别为爱情蹉跎，转身留下优雅的背影

　　一生只爱一个可以相濡以沫的人，可以说是人生最大的完满。但是，如若一生只爱一个永远得不到或错过了的人，便只是一种激烈的偏执。

　　生活就像一条向前流淌的河，从不回头。错过了、失去了，就一定要坚定地放过。与不爱的人相忘于江湖，才有机会与相爱的人相濡以沫。得不忘形，失不落寞，也许在不远的将来，当我们获得真正属于自己的幸福之后，才会明白以前的放弃其实是一种更好的得到。请记住：有人爱慕你直面时姣好的容颜，也一定会有人欣赏你转身后优雅的背影。

爱的枷锁，现在该打开了

人人都渴望美满的爱情，但现实往往又是背离人意的，不断打碎我们的美梦。自以为找到了爱情，实际上却陷入了爱的陷阱。很多人无力自拔，一生也就在痛苦中度过。或者，爱情如梦幻一般来去匆匆，一眨眼，却是另一番景象了。

其实，人生原本就如花朵般灿烂、流星般闪烁。该追求时就追求、该参与时就参与、该苦恼时就苦恼、该放弃时就放弃。当爱已经走远，无论是发生在自己身上还是对方身上，放弃和放手都是唯一的出路。因为，无法放弃曾经有过的美好，无法放下曾经拥有的执著，就会让更多不美好的感觉压在自己的肩膀上和心灵中。让自己和对方一起痛苦纠结，究竟是否惩罚了对方也许还是未知数，但自己绝对是被惩罚最深的一个。

要知道，不是每一朵花都能够如期地开放，也并非每一朵开过的花都能结出果实。对于感情而言，当爱一个人而得不到回报的时候，在付出千般努力也无法得到一个许诺的时候，在因爱而受伤的时候，千万不要再以爱的名义锁住自己了。要学会放手，打开爱的枷锁，给彼此自由。否则，带给我们的只有无尽的烦恼和痛苦。

男孩和女孩在一起6年了，女孩一直以为他们可以相爱到天长地久、海枯石烂。可是，就在她为他们的感情而憧憬幸福时，男孩却向女孩提出了分手。

一时间，女孩觉得天塌地陷了，她崩溃了。她跑到男孩的单位一再质问男孩原因，而男孩也只是简单地说不爱了，说他们彼此在一起太累了。

女孩很是伤心，每天都以泪洗面，她还是不愿相信两个人的感情就这样烟消云散了。于是女孩仍然经常给男孩打电话，诉说她的思念之情。虽然这样的做法让男孩越来越烦，但是女孩依然不放弃。

后来,男孩开始了一段新的感情,并没有把女孩的悲伤放在心上。女孩更是悲痛欲绝,失去了往日的温柔与理性,到男孩的单位大叫大骂。最终,男孩因为忍受不了女孩的过分纠缠,一气之下将其杀害了。

因为故事中的女孩不懂得放弃,最终使爱成为了一种永远无法弥补的伤害,实在是得不偿失。所以,在生活中,当爱成为彼此间的一种束缚时,一定要学会放手,给彼此充分的自由。不要让爱成为枷锁,恢复它本来自由而美好的面貌,如同在我们灵魂之间自由流动的海水。即便是没有开出绚丽的花朵,结出甜美的果实,即便在瞬间化成尘埃,但曾经拥有过了,也便不算遗憾。如此,也能在对方面前保持起码的自尊,让爱成为生命中一种永恒的美丽。

给对方自由,也是给自己一份快乐。人世间充满了太多令人心碎的安排,过于执著只会给彼此带来悲哀、疼痛或伤害。

要知道,生命的灿烂与辉煌并不局限于一个地方。只要释然一些,用一颗感恩的心看待过去并希冀未来,你终究会看到另一番别样的风景。天涯何处无芳草,人间自有真情在,自己的柔情一定会有人读懂。既然双方都疲惫了,不如顺其自然,让彼此都休息一下。不要在失去感情的同时,也失去了自尊。

一个已经是两个孩子母亲的中年妇人,已经是第三次发现丈夫有外遇了。而且丈夫最近开始酗酒,经常对她又打又骂。但她想到的,依然是如何忍受这种生活,从来没有想过与她的丈夫离婚,逃出这种可怕的折磨。

中年妇人实际上只有40岁出头,但看上去却像是50多岁的样子。亲朋好友都很关心她、心疼她,问她有什么打算。但得到的回答竟无一不是:维持现状,别无他路。

原来,她结婚近20年,早已经习惯了依靠丈夫而生活,丈夫就是她的"安全岛"。即使是婚姻出现了问题,她也很难让自己离开。她已经习惯了"安全岛"的生活,一旦离开,她将会无所适从。

中年妇人这样告诉她的朋友:"虽然在理智上我也明白,离开他是我恢复健康和自尊的唯一途径,但我却不能改变自己的绝望。我对人生失去了兴趣,而且简直不能工作。听到收音机里播放一首浪漫的歌我就会泪流满面。我觉得自己已经跌至谷底,永远没有再感受欢欣的希望了。"

"安全岛"可能是一个人、一种状态、一个地方，或者是一件事情和一项工作，它会成为人们非理性的需要。的确，一切重建的工作都可能包含着痛苦。但事实上，抛开这些疲乏了的关系，对于双方来说都是一种极大的解脱。关键的问题在于：哪一种事情更痛苦？是结束一种苦不堪言的关系，还是欺骗自己，相信这个关系还有意义；并且相信忠诚、习惯或恐惧比拿出诚实和勇气说再见更值得？

实际上，如果我们能够从另一个角度去看，那么就会有不一样的想法："谷底"虽然不像巅峰上一样很容易看到美丽的风景，但同时，它也是一个可以暂时栖息的地方。不要拒绝承认我们的感觉，只有好好地去整理它们，才有可能治愈创伤。我们自以为的"永远"其实并没有"永远"，太阳在每一天都会照常升起。

这时候，我们可以静静地坐下来，抬头仰望一下蓝天；再洗把脸，听一支小曲，读一段小诗；梳梳头发，照照镜子，看看里面的那双眼睛是否还充满着希望。告诉自己：退一步海阔天空，爱的枷锁，现在该打开了。给他（她）爱你的自由，也给他（她）不爱你的自由。与其伤心欲绝地活在过去，倒不如松开自己的双手，让死去的心灵慢慢复活。一个优雅的转身，便可奔赴真爱的归途。

不妨保留一份"错过"的美

在我们的生命中，有很多珍贵的东西，却总因为这样或那样的原因没有及时把握住，最终只能眼睁睁地看着它们远去。为此，我们大加哀伤、难过，认为自己可能永远失去了。

其实，在很多时候，"错过"也是人生一种别样的风景。有些美丽是"可远观而不可亵玩"的，保留一份不曾接触的美，反而要比得到更恒久。

一个青年男子在熙熙攘攘的人群中看到了一个身材婀娜的女子，尽管与对方相隔甚远，但女子的倩影依然能令他怦然心动。于是，他便拼了命地挤到这个背影的身边，希望一睹对方的芳容，并渴望自己有机会与对方搭讪。

但是，当他走近这个女子，看到她的真实容颜时，不禁大失所望：脸上长满了青春痘，而且眼睛也不像他想象的那么明亮、有神……这与自己所设想的"正面"简直就是天壤之别！他逃也似地离开了，原本准备好的搭讪之语也一股脑儿地全都咽到了肚子里。

在远去的路上，男子为自己的行为懊悔不已，是自己的好奇心破坏了心中的那幅"美景"。

如果青年能够抑制住自己的怦然心动，珍存眼前的"背影"，不去急于看清对方的真实面目，可能就不会受到如此的"打击"了。与其这样，还不如错过，在自己心中保留一份完美的想象。而抓住了，反而让自己得到了满腹的失望。

这就是人生，当我们对眼前自认为美好的事物想象着它的真实面目时，一旦看到它不合人意甚至完全相反的本真时，自己的心灵就受到了巨大的打击。所以说，错过有错过的美丽，错过并不意味着失去，而是保留了一份对它的完美想象，舍去了见到本真的失望。

岩是一个事业有成的男人，而英是一个普通而平常的"上班族"。

一天，突然下起了瓢泼大雨，英忘了带伞，她只好无奈地站在公交站牌下等车。雨下个不停，英的公交车还没有来。眼看这车站上的人一个又一个上车离去，英顿时很懊恼自己今天竟是如此的粗心。

岩开着自己的车子在雨中行驶，他开得不是很快。他喜欢下雨，喜欢看雨中的一切。忽然，一个靓丽的身影映入眼帘。在公交车站旁站着一个女孩，个子虽不高但长得很有气质，雨水淋湿了她额前的秀发。岩看着看着竟不由自主地放慢了车速，最后停在车站的路边。

一辆又一辆公交车来了又走，女孩依然在车站等待。也许是她的车还没有来吧，岩这样想。其实眼前的英很让岩动心，雨中的她显得格外纯净自然，就像一朵刚刚盛开的白玉兰，纯净得让人忍不住多看几眼。

岩就这么看着，他不知道自己能不能邀她上车，然后送她回家。因为他们素不相识,即使他邀请了她,她也未必会答应,岩在心里猜测着。

雨就这么下着,而岩就这么看着,英就这么等着。

终于,英的车来了,她上车走了。岩看着她上了公交车,看着她在公交车里行走,他忽然觉得自己很失落。是因为她吗?他们并不相识,可是为什么自己不开车呢?难道自己真的喜欢上了一个素昧平生的女孩?岩摇了摇头,发动了车子。

就这样,岩和英继续着自己的生活,英并不知道那天有一个人在注视着他,并不知道当时的她在别人的心海里激起了层层涟漪。

事后,岩也曾后悔自己没有走出车子。假如当初他走出了车子,也许现在就知道她的身份了。可这一切都只是假如。岩独自笑了笑,其实错过了也好,虽然错过了,但在他的心里留下了美好的回忆,这也是一件美事。何况自己假如真的邀请她上车,也未必会得到应允。与其遭到拒绝,不如就这样错过。这并不代表失去,更何况本来就没有得到,哪来的失去呢?

人的一生总要错过很多,错过之后总会有人在遗憾、后悔。殊不知,错过有错过的美丽。也许正是昨天的错过,才成就了今日的美好。

生活中充满了"错过",由此而带来了几多忧愁、几多相思。当我们停留在为错过而遗憾的不经意间,许多更美好的事物也许就会与我们擦肩而过。也许那些在不经意间错过的才是最美好的,如果只停留在眼前错过的伤感中,那么无疑会错过更多。

人们总喜欢把错过和失去当成是人世间最遗憾的事情,却很少有人把其看作是人生最美丽的邂逅。凭着自己对未来的憧憬,告诫自己努力前行。在每一个相思的日子里,在每一个翘首以待的时刻,幸福地过着今生的分分秒秒。谁又能说,这样的"错过"不是人生的另一道美景呢?也许,这一次的错过就是下一次邂逅的开始。为自己保留一份美丽的空间,去迎接真正牵手一生的挚爱。

缘分,强求不来

佛说:前世 500 次的回头,才换来今生的一次相逢。大千世界,茫茫人海,两个原本并不认识的人却在某一特定时间、特定地点相遇,然后相知,直至相爱,这就是我们常说的缘分。而这看似偶然的过程却是在某些力量的安排下发生的,正所谓有缘千里来相会,无缘对面不相识。是缘分让我们走到了一起,也是缘分让我们避开了不该认识的人。

缘分的幻妙是让人很难琢磨的,当我们并不在意时,它已经悄然来到身边,拉开了我们感情生活的帷幕。但往往,当我们自以为遇到了合适的人而毫不犹豫地迎上去后,却看清了对方并非自己的真爱,可仍然要求别人给自己一个结果。殊不知,这样不仅得不到想要的结果, 甚至很有可能由本来相知的朋友变成了老死不相往来的陌生人。如果缘分到了,无论怎样都不会改变结果;如果缘分不足,再怎么努力也是徒劳。所以说,缘分是强求不来的。

从前,有个书生在进京赶考前与他的未婚妻约好,等他回来后就于某个日子与其结婚。

几个月过去了,书生从京城赶考回来,而他的未婚妻却嫁给了别人。书生很受打击,心里难过极了,从此就一病不起。

这时候,书生家门前路过一个僧人,说自己可以看好他的病,书生就让那个僧人进了家门。僧人没有给书生把脉、开药方,而是从怀中拿出一面镜子给他看。只见镜中一片茫茫大海,一名遇害的女子一丝不挂地躺在海滩上,旁边路过了许多人,但是这些人都是看一眼,摇摇头就走开了。

这时路过一个人，将自己的衣服脱下来，把女子的尸体盖上后也走开了。一会儿，又经过一个人，走过去，挖了一个坑，并小心翼翼将尸体掩埋了。

书生十分惊愕，那个僧人却对书生解释道："那具海滩上的女尸，就是你未婚妻的前世。而你是第二个路过的人，曾经只给过她一件衣服。她今生只有缘与你相恋，只为还你一个人情。但是，她最终要报答一生一世的人是前世曾将她掩埋的那个人，就是她现在的丈夫。"书生听后随即大悟。

听了这个故事，我们也许多少会感到一些释然。的确，有些东西注定是不属于自己的，何必要苦苦与命运抗争呢?人与人之间能够相遇相知，直至相爱，是一种必然，其实也是一种偶然。冥冥之中，总会有一个人在下一个未知的地方等待着你，而你也会在某个时间来到这个地方，同他(她)相遇、牵手。一切顺理成章，一切浑然天成。因为这就是缘分。

缘分是很难用言语解释清楚的，很多巧合的机缘也并非可以事先计划。也许，无意间一个目光的相遇，就让两个人从此成为对方牵挂的对象，不可分析，毫无理由。一个不经意就成就了一段姻缘。

有句话说："得知我幸，失之我命。"缘分的确是强求不来的。缘起、缘散都不需要理由，它就是生活中的一个邂逅，然后消失。

一个女孩只身一人在异国他乡求学，经朋友介绍，与一个男孩认识了。朋友介绍他们认识的初衷是希望这个男孩能够在异国他乡给她一些照顾，而男孩也确实做到了，他一直很细心地照顾、关心着女孩。渐渐地，这个远在他乡的女孩发现，自己好像越来越离不开这个大她3岁的男孩，而男孩也对女孩脉脉深情。终于有一天，他向她表白了。女孩没有犹豫，就同意了。

可是转眼间，女孩在这个城市的签证到期了，她要到另外一个城市开始为期两年的留学生活。女孩自知两地分割的爱情很难长久，便理智地向男孩提出了分手。男孩没有多说什么，只是轻轻点点头。

分开后，两人保持联系，依然彼此关心。在这段时间里，女孩和男孩又都有了各自的感情，然后又各自失去。有一次，男孩来到女孩的城市，只为陪她喝一杯咖啡。女孩则在这段日子里重新审视了两个人，发现原来他们其实很合适。

　　于是，女孩在没有告知男孩的情况下来到了他所在的城市，向男孩表白。原本，她以为男孩会接受她，可没想到站在她面前的男孩已经拥有了一段新的感情。

　　听了女孩的表白，男孩不知道该说些什么。他只是告诉女孩要去度假，而且是与新女友一起。在这段度假的日子里，他会考虑和女孩之间的感情，找到真正适合的人。女孩同意了。

　　男孩度假回来后，女孩满心期待地以为男孩会选择她，可得到的答复却是：他不能接受她，因为如果他那样做的话会有负罪感，他觉得新女友很适合他。女孩哭了，哭得很伤心。但她没有对男孩耍闹，而是静静地离开了那座城市。

　　这就是缘分，在我们毫不在意的时候来临，不以为然，没有抓住；而当需要时，它已经不再属于我们。此时，如果仍旧勉强要求对方给予一个满意的答案，那么受伤害的必将是两个人。只能说，两个人有缘相遇、相知，却没有相爱的分。这就是人生。

　　当缘分到来时，不要害羞、不要胆怯，勇敢地接受属于自己的感情，抓住属于自己的缘分，享受我们的爱情。而当它走了，也不要哀伤。属于自己的，终究跑不掉；不是自己的，强求也无用。

　　人生好似花开花落，周而复始，没有永远不凋谢的花朵，没有一成不变的事物。缘分讲求的就是随遇而安，缘来则聚，缘尽则散。真正的缘分，就是在合适的地点、合适的时间，遇见适合我们的人。缘分失去的时候我们不必强求，也不必挽留，情缘散尽的感情注定是没有结果的。

　　从另一个角度来说，真爱一个人，也并不一定要拥有；真正的爱情，也不一定就会天长地久。如果爱一只鸟，就给它飞翔的自由，给它享受蓝天的自由，给它品味风雨的自由；爱一个人，就要给他（她）爱的自由，给对方选择和拒绝的自由。这才是爱情的至高境界。

　　人生舞台上，我们每个人都是大戏里的主角，每个人都不可能把自己的角色演到极致而不留一丝遗憾。没有遗憾的人生也不是完整的人生。放下过去，还给彼此自由，让彼此生活得更好，这才是一段真正完美的感情。所以，当我们被感情缠绕得心力交瘁的时候，一定要告诉自己：缘分，不可强求；来之欣然，失之淡然。只有放下，才能重获快乐和自由。

错过了，就放过

　　浮沉扰攘人世间，有时，命运的确太过于难测。一个小小的变数，就可以完全使我们改变选择的方向。一个任性的转身，也许就是一辈子的错过。错过一瞬，错过一生。所以首先要说的是，在还能够拥有，还能够爱的时候，一定要珍惜，一定要争取和最爱的人相濡以沫。

　　接下来要说的，才是更为重要的：如果不能相濡以沫，不如相忘于江湖。不管我们是否愿意承认、是否愿意接受，错过的一切就如同逝去的时光一样，是怎么也无法找回的。而人生中最令人惋惜的莫过于：因为错过了一棵树，而失去了整片森林；因为摘不到一颗星星，而放弃了整片天空。等年华不再才发现，因为错过一次，所以错过了所有。

　　如果那个人能与你相濡以沫，一生只爱一个人，那是人生中最大的完满。但是，如若一生只爱一个永远得不到的人，那只是一种激烈的偏执。等我们获得真正属于自己的幸福之后，自然会明白以前的放弃其实是一种更好的得到。痛过了，才会懂得如何保护自己；傻过了，才会懂得适时地坚持与放弃。错过了，就一定要放过。否则，只会错过更多。

　　《乱世佳人》里，斯嘉丽狂热地爱上了艾希礼。每次遇到艾希礼，她都恨不得把自己全部的热情倾注到他的身上。她大胆地向艾希礼表达了自己的爱慕之情。

　　艾希礼虽然承认斯嘉丽很吸引人，但却认为玫兰妮更适合自己。他们结婚了，新娘不是斯嘉丽。

　　然而，斯嘉丽对艾希礼的爱恋没有丝毫的减弱，依然那么执著。因为对艾希礼狂热的爱，导致她漠视了白瑞德对她的爱。尽管他们结婚了，尽管白瑞德非常爱她，她却始终感觉不到幸福，一直不肯对白瑞德付出真爱。

直到有一天，白瑞德离开她的时候，斯嘉丽才发现：自己最爱的人居然是白瑞德，而艾希礼则是那么的无足轻重。但是，一切都已经晚了。

很多时候，我们总是自觉不自觉地把得不到的东西当成至宝，却把容易得到的当成理所当然而不加珍惜；一错再错，结果错过更多。所以，错过了、失去了，就一定要坚定地放过。与不爱的人相忘于江湖，才能有机会与相爱的人相濡以沫。

另一方面，我们也应该认识到，在这个世界上，没有什么事物是永恒不变的。基于这样的前提条件下，在遇到一切荣辱得失的变动时，我们就不会那样惊慌失措、患得患失。以淡定、从容之态，面对各种突发和意外。就像辜鸿铭先生说的，一个人如果能受得了一切寂寞与平淡，才是真正的修养到家。如果一个人能有意识地把荣辱得失皆从容的心态融会于生活的方方面面，那么就会在所谓的失去或错过后体会到另一种简单的幸福。比如爱情、比如婚姻，皆是如此。

婚姻中，以一份平和的心态，安然地看待得失，得不忘形，失不落寞。如此，婚姻中相依相守的实质才会显现出来。因为，真正美好的情感是不会被时间冲掉，也不会被空间带走的。那个真正爱我们的人永远都不会走，他们有时只是站在我们看不到的地方，默默地关心和祝福着我们。这才是世界上最纯净而又恒远的幸福。

如果失去了，那不妨调整心态、豁达胸襟，敢于面对现实，认真分析形势，更加珍惜现在的拥有。如果为一时的失去而耿耿于怀、不能自拔，就永远走不出"失"的阴影，看不到"得"的危险。那么，快乐与幸福将永远与我们无缘。

失去一段人生中最缤纷的感情，其伤害对于婚姻中的双方而言，也许都是刻骨铭心的。生活的点点滴滴早已深深印在记忆里。可人生不会因为离婚就终止，不能因为错过了就绝望。人的一生难免有伤痛，但不要因为一场失败的婚姻就损毁了自己一生的幸福。

生活就像一条向前流淌的河流，从不回头。走出阴影，沐浴在明媚的阳光中。不管过去的一切多么痛苦，都将它们抛到九霄云外去吧。不要让担忧、恐惧、焦虑和遗憾消耗我们的精力。面对已经失去的，从容而淡然地接受，然后，真实、勇敢、快乐地开始我们接下来崭新的生活。

攥得越紧，失去得越多

曾经有人这样形容婚姻："婚姻如同好八连的光荣传统：新三年，旧三年，缝缝补补又三年。"这种略带自嘲的话语让人们感叹道，婚姻关系的牢固与否关键要看感情是否稳固。只要感情稳固了，即使生活中有再大的摩擦或矛盾，终究也都会一笑而过。然而另一方面，很多时候又并不是只有感情就可以保持甜蜜无瑕的二人世界。

这就好像那个古老的比喻：手中的沙子是不是攥得越紧就越不易掉下呢？那么同理，感情是不是攥得越紧就越稳固？相信很多人都知道答案。手中的沙子攥得越紧，漏得越快；感情攥得越紧，也就越容易失去。

两个亲密的爱人在一起时，之间的感情就像一只小绵羊，由他们共同牵着。绳子稍微放松了，绵羊会不听话，甚至肆意狂奔；绳子紧了，又会把小绵羊勒死。感情也一样，我们往往担心放松之后的流走，却忽略了收紧之后的危险。攥得越紧，感情就越没有呼吸的空间；无法呼吸的感情终有一天会死去。

有一对新婚的小夫妻，恩恩爱爱、如胶似漆。做什么事情都要两个人同去，形影不离，一刻难分。但这样的情形持续了没多久，生活中的琐碎便慢慢地破坏了两人之间的和谐。随即而来的是索然无味的日子，和彼此之间慢慢冷却的温度。

面对逐渐冷淡的生活，妻子开始惶恐起来。她不停地对丈夫提出各种各样的要求，斥责他不像恋爱时那样细心而富有情调。到最后，丈夫的一言一行在妻子眼里都不甚满意，两人开始吵架。附近的邻居经常听到他们的吵闹声，偶尔也会传出噼里啪啦的噪声，其实是两个人在争吵过程中摔打东西的声音。又过了一段时间，不只从家里传出噼里啪啦的噪声，偶尔还会从窗户中飞出莫名其妙的东西。在夜深人静的夜晚，当人们都在熟睡的时候，经常会被妻子歇斯底里的哭声震醒，还会伴随着丈夫咚咚敲击墙壁的声音。这样的家庭战争总是接二连三地发生，似乎两个人只要在一起就一定要打打闹闹。

终于有一天，两个人闹累了，一纸离婚协议书摆在了面前。双方这次倒是出奇的一致，二话没说，便都签了字。

有人把婚姻比作一张白纸，其实感情亦如此。当感情升温的时候，就在白纸上画出五彩缤纷的图画；当感情冷淡的时候，也就没有心思在上面吟诗作画了。甚至，在生气至极的时候，还会一下把纸撕成两半。这时，感情和婚姻也就没有什么好结果了。

在这个追求个性的年代，人们处处在宣扬着人权和人性，感情在这样的氛围中也变得越来越浮躁。如同攥在手里的沙子，攥紧了，沙子会从掌心溢出来；对方会感到没有丁点儿的自由，好似坐牢一样。攥紧的感情往往会让另一个人觉得自己的生活失去了任何色彩，迟早会走向分崩离析的境地。然而放松了，沙子又会从指缝中漏出来。抓多抓少、攥紧攥松，实难把控。

要知道，即使再亲密的爱人，彼此之间的感情也并不是一个玩偶，任凭我们摆弄。摆弄久了，感情也就没了。实际上，感情需要经营，这样，松弛有度的感情才会牢不可破。这就如同放风筝，把线扯紧了，风筝便无法飞翔，不久便会从天空中栽下来。是你的感情，即使飞得再远，也会回到你的身边；不是你的，再怎么扯紧，也会因为绳子折断而远去。

女孩只身来到南方打工，在一家盲人按摩店里认识了盲人小伙子，他是这里的按摩师。

虽然是一个盲人，小伙子长得却很帅气，并且每天让自己干干净净的。经过培训后，女孩也顺利地留了下来。

在接下来的日子里，女孩与小伙子总有说不完的话，两人经常与对方分享自己遇到的高兴事。女孩曾抱怨命运的不公，但当她看到小伙子时，对生活的认识一下改变了。随着两人了解的加深，慢慢地便产生了感情。

不久，小伙子把自己和女孩的恋情告诉了他的父母。父母听说后便赶到南方这座城市，要看看自己未来的"儿媳妇"。过了一段时间男孩的父母提出要女孩和他们的儿子一起回老家创业。女孩没有把这件事告诉自己的父母，跟随男孩回到家乡，在当地开了一家盲人按摩店。

后来，女孩背着自己的父母跟男孩结了婚，婚后的生活是温馨平静的。可是这样的日子没过多久，男孩便对女孩不放心了。只要女孩与男客户聊天多了，男孩便会脸色大变。等到客人走了，便会对女孩大发脾气。女孩起初只认为可能是因为工作压力大，或许他们有个孩子就会好了。

转眼间，他们的女儿3岁了。每天早上，女孩都会送孩子去幼儿园，然后会在街上逛逛，并不急着回家。谁知男孩却在家里掐点算着女孩回家的时间，当女孩回来后便盘问女孩的去向。日子久了，女孩便觉得自己的生活很压抑。

在夜里，女孩独自哭泣，但男孩却无动于衷。久而久之，女孩觉得自己很委屈，但男孩却没有丝毫的歉意。结果，两个人之间的伤痕越来越重。

感情是两个人辛辛苦苦经营起来的宝塔，如果不知道如何维护，就好比是亲手将自己建造的宝塔摧毁。如沙般的爱情需要的是松弛有度，攥得越紧，感情流失得越多也越快。慢慢地，感情的深潭就会成为一片荒漠。恋爱中的双方要互相信任，不要怀疑对方的忠诚。给对方充分自由的同时，也是给了自己享受生活的空间。

松弛有度的感情就像一曲有着和谐韵律的曲子，不管怎么听都不会感到厌烦。而松紧无度的感情如同只有低音或高音，听得多了，只会让人崩溃。就像故事中的小伙子，他用尽全力想要把妻子留在自己的身边，可结果却失去了对妻子的爱护和信任。如果他能够松一下手，说不定他们的感情就会像起初那样牢固安稳。

松弛有度并不是随随便便、随心所欲，而是抓住时机、有选择性地进行管理。松弛有度的爱情就好比有了一个永久的保鲜期，是怎么也不会在时间的流逝和生活的枯燥中变质的。只有不存在压迫感的感情，才会文火慢炖、愈久弥香。

别忘了,有一种爱叫成全

人生难免会有遗憾,因为生活不是单纯的取与舍。不要斤斤计较失去的,有时候失去比得到更宝贵,正所谓"成全"。当我们在抱怨红尘世俗凄凉而苍白的时候,或埋怨感情节外生枝的时候,也许我们忘记了:还有一种爱,叫成全。

滚滚红尘,面对挚爱,也许我们都做不到淡泊和坦然,都无法舍弃用生命去守护的爱情。没有人愿意把自己呵护备至的珍宝拱手让人,也没有人愿意把自己美好的回忆变成追忆,更没有人把自己的爱情割舍给一个不相干却不得不与之结合的人。但这一切的前提是:两情相悦。如果,不管是因为主观还是客观的原因,无法达成一种和谐,进而让爱成为了一种羁绊,那么,为了爱,只能放弃天长地久。

生命中最难舍的是情感,情感中最难以隐忍的莫过于因爱而放手。在所有成长的岁月里,能够滋润我们身心的正是无处、无时不在的爱与被爱。为了对方能够幸福,哪怕让自己消失在这个尘世,唯一的要求就是可以爱她(他)。但是就连爱,也要如雪融雨水般了无痕迹,永远地埋藏在心底。很多转身离开的背影,潇洒而又落寞。在一些人一掬伤心泪的同时,也无不证明了爱的成全与伟大。

《海的女儿》是一个美丽而忧伤的故事,故事中的美人鱼用生命诠释了对爱情的抉择和追求。

美人鱼生性是属于大海的,在那里有她蔚蓝的梦想和深邃。可这一切因为她爱上了人类的王子而发生了颠覆。她放弃了自己甜美的嗓音,纵使成了哑巴,还要忍受着如同在刀尖上行走的剧痛,翩翩起舞。身体上的疼痛根本阻止不了她对爱情的向往。

然而,比这个更让人悲哀的是:即使近在咫尺,王子也感受不到美人鱼的爱。他爱上了另外一位美丽的公主,他以为她才是自己的救命恩人。

美人鱼哭了,教堂的钟声响起来了。传令人骑着马在街上宣布王子订婚的喜讯,但是新娘不是她。

每一个祭台上,芬芳的油脂在贵重的油灯里燃烧。祭司们挥着香炉,新郎和新娘互相挽着手来接受主教的祝福。美人鱼这时穿着丝绸,戴着金饰,托着新娘的披纱。她心灵的痛苦远远超过了脚尖被刺破的感觉。她的耳朵听不见这欢乐的音乐,她的眼睛看不见这神圣的仪式。她想起了她要灭亡的早晨,和她在这世界已经失去了的一切东西。

她还清楚地记得女巫的话:"你如果无法得到人类的真爱,就会变成海上的泡沫,永远地消失。"当她对着海水默默落泪时,姐妹们浮上了海面,送给她一把用自己头发换来的尖锐的匕首。她们说只要美人鱼刺破王子的心脏,让鲜血滴在自己的脚上,双腿就会合为鱼尾,恢复人鱼的原形,仍旧可以活过 300 年的岁月。

这是痛苦的抉择,当她举着匕首,颤抖地站在王子的床前,听着王子熟睡中喊着新娘的名字。她犹豫了,一边是自己,一边是所爱之人的幸福,她该何去何从?短短的几分钟像是几个世纪一样漫长。最后,她把匕首投入大海,自己化成了泡沫。

海水依旧幽深而蔚蓝。美人鱼为了王子的幸福,放弃了华贵的生活和宝贵的生命,她用自己的执著和真情诠释了何为真正的爱情。

因为不懂得成全与放手,不懂得成人之美的道理,不明白成全别人就等于成全自己的内涵,所以一些人往往活得很辛苦,体会着空虚与寂寞,甚至觉得无法在浮华人世间找到属于自己的立足点。但是童话中的美人鱼做到了,她诠释了爱的真谛,演绎了爱的壮举。爱若变成牵绊,不如自己放手,成全对方。只有做出正确的取舍,才能把握命运。选择一棵树而放弃一片森林,这是另一种珍惜。

爱一个人并不一定非要朝朝暮暮、天长地久。给对方自由,让对方选择属于自己的幸福。看到爱人幸福的笑容,我们同样会感觉到成全也是一种幸福。

若论近现代中国第一才女,非林徽因莫属,所有人都知道她和徐志摩的故事。可是,比起徐志摩那样激烈的爱,金岳霖的脉脉含情则更让人为之动容。

金岳霖与林徽因的相遇,要晚于徐志摩。梁家客厅的初逢、文化见解的交流,开始了他们一世的相倾和坚守。

可是林徽因已有丈夫,丈夫梁思成对她也可谓情深意浓。爱情里,3个人的局面,终究是要做一个了结的。她不再隐瞒,而是选择面对。

当梁思成面对妻子因同时爱上两个人的苦恼和无助的时候,他深思一夜:"我该怎么办?徽因到底和我幸福,还是和老金幸福?"虽然自己在文学、艺术上有一定修养,但金岳霖那哲学家的头脑,自己是企及不上的。

梁思成把自己、老金、徽因放在天平上反复思量后,第二天,梁思成告诉林徽因:"你是自由的,如果你选择了老金,我祝愿你们永远幸福。"说着说着,两个人都哭了。

后来,林徽因将这些话转述给金岳霖,金岳霖回答:"看来思成是真正爱你的,我不能伤害一个真正爱你的人,我应该退出。"

从此他们再不提起这件事,挚友没有变成陌路,他们依旧谈笑如初。不但在学问上互相讨论,有时梁思成和林徽因吵架,也是金岳霖做仲裁,把他们弄不清楚的问题说得明明白白。

金岳霖为了林徽因,一辈子未娶,且与情敌毗邻而居,终身为友。一段情,文坛人士共惊闻。在金岳霖心中,世界上已无人可取代林徽因。

比海更宽广的是天空,比天空更辽阔的是人的胸襟与度量。不是谁都明白成全一词的重量,也不是谁都会懂得,在成全别人的背后,即将成全的是自己。我们不禁对这两个男人博大的胸怀和洒脱的性情肃然起敬,他们是真正领悟了爱情的真谛:给爱人自由,尊重爱人的选择。即使我们做不到两位前辈那般洒脱,也要学会如何去爱我们所爱的人。学会在适当的时候放手,给对方以追求幸福的机会,同时也成全我们自己内心的快乐。

未必永远才算是爱得完全。也许一点遗憾、一丝伤感,会让爱情的答卷更久远。赠人玫瑰,手留余香;在成全别人的同时,也是在成全我们自己的优雅与欣然。

放弃海誓山盟,回归平平淡淡

被人们传唱久远的流行歌曲《最浪漫的事》中有一句经典的歌词："我能想到最浪漫的事,就是和你一起慢慢变老。"的确,两个人携手走过无数个简单而平淡的日子之后,才是一种相依相守的挚爱。

但很多时候,幸福也许真的不只是和爱情有关。有的人,我们看了一辈子却忽视了一辈子;有的人,看了一眼却影响到一生;有的人热情得让我们快乐,却被我们悄悄冷落;有的人让我们拥有短暂的开心,却得到了思绪的连锁;有的人一相情愿了许多年,却被拒绝了许多年;有的人无心的一个表情,却成了我们永恒的思念。也许这就是人生:不要轻易忽视本不该放弃的,却固执地追求本不该坚持的。

近来,每次看到玲,她总显得有些不开心。朋友聚会时,常听到她在抱怨婚姻生活就是家长里短、柴米油盐,平淡得近似无趣。

可是,在长达5年的恋爱里,玲和她的丈夫一直都如胶似漆。一年前,玲是在众人无数的美慕和祝福中走入她憧憬已久的婚姻殿堂的。

然而,当新婚的甜蜜和激情褪去之后,玲发现当初那个被她认为是浪漫多情、细心体贴的男人却变得有些不讲道理、懒惰起来,不再为她多花心思。再加上家务的烦琐、工作的压力,两个人似乎很难再有激情的火花碰撞。说不到一起,做不到一起,矛盾、争吵、分居,甚至各自负气出走。

玲很困惑:难道婚姻真的就是爱情的坟墓吗?婚姻生活就真的是这样平淡无趣?

同为婚姻中人,相信很多男女都体会过玲说的细节,也大都能理解她的抱怨。平淡的生活也许把热恋时的激情越磨越少,剩下的只有实实在在的日子和各自真实的性格与脾气。然而,婚姻的本质就是两人脱去热恋时华丽的包装,归于平淡而真实的生活状态,过实实在在的日子。就像好莱坞著名导演史蒂芬所感悟的那样:"我到过许多地方,发现世上许多人的生活比我们想象的要平淡得多,然而却能体现出他们自身的价值,更平静、更悠闲。"想要获取一份长久的幸福和白头终老的浪漫,就需要用宽容和甘于平淡的心态去对待。

两个人在一起时间久了,就像左手和右手,即使不能时时刻刻擦出情感的火花,也会选择相依相守。因为,放弃这么多年的时光和付出,需要很大的勇气。也许,在以后的生命历程中,还会出现爱你或你爱的人,但那终归是过客,两人依旧会牵着左手或右手走下去。

或许结婚前的我们都充满了激情,都认为自己和身边的那个他(她)能创造出一段不平凡的爱情故事。即使没有"惊天地、泣鬼神"的海誓山盟,也总会演绎出一番起伏跌宕的传奇。总觉得等到几十年以后,已经两鬓斑白的我们可以坐在摇椅上回想自己荡气回肠的一生,可以充分体验到与爱人惊世骇俗的激情。

可是,就像我们的父辈,甚至更老的长辈们一样,只有真正经历了世事的沧桑以后才会发现,无论多么荡气回肠的故事总要回归现实的平淡,无论多么伟大的成就都不能取代来自平淡生活的那份从容与宁静。当回顾人生百味时,才从心底有所感悟:原来,与我们心灵贴得最近的,还是那些我们曾经并不看重的平淡与真实。

有这样一对年近九旬的老夫妻,他们在一起生活了近70年,岁月的痕迹给他们留下了满脸的皱纹和花白的头发。但他们依然健朗矍铄,常能看到他们脸上洋溢着慈祥的笑容。

每天早晨,他们都要去早市买菜。去的时候,大爷拄着拐杖,大妈拎着空篮子,两人并排而行。回来的时候,空篮子里装满了蔬菜水果,拐杖穿在篮子中央,两人抬着。大爷走在前面,大妈走在后面。

上午,大妈拿着小凳坐在大树下开始择菜,大爷躺在树荫下的躺椅上,摇着蒲扇看着报纸。时常,报纸会滑落,蒲扇也会停止摇动,大妈拿出薄毛巾被轻轻地搭在大爷身上。

傍晚,他们在小区里悠然而缓慢地散步。没有电视镜头中的手挽手,也没有温情脉脉的眼神,只是两个人在慢慢走着。偶尔,大爷走快了两步,停下来,回过头等着大妈赶上来，再并排一起走……

可是，很少有人会想到，这样一对"白金婚"的老人，竟然是指腹为婚！

他们在5岁的时候就被定下了娃娃亲，结婚前从没见过面。1938年，两人结婚。而后，从抗日战争、解放战争到抗美援朝，一直是"为革命牺牲小家"，精力基本都放在了工作上，即使是短暂地在一起，也是极其平淡地过日子。

一直到20世纪80年代中期，两人才先后离休。这时老两口才有时间在一起享受享受生活。

1997年，不幸降临了。大妈身患重病，半瘫在床。除了更加精心地照顾老伴儿以外，大爷没有丝毫的怨烦。他只是说："现在医疗条件能跟上，肯定能恢复得不错。"

在大爷的照顾下，大妈精神很好，没多久就能扶着墙走路了。而后渐渐地，就像人们后来看到的，从一点一点慢慢散步到现在，两人每天早晨一起去买菜。

在被问及有什么"爱情保鲜秘籍"时，大爷回答："我们是娃娃亲，不像现在的小年轻有那么多的浪漫。我和她相濡以沫走到今天不容易。我们过得很平淡，相互间的感情不在于言语之中。平平淡淡才是真。"

婚姻使两个陌生的人走到一起，相爱容易相处难。不同环境、不同背景、不同喜好的人组合在一起，也许本身就是不完美的。面对这种不完美时，去接受，并尽力调和，全在于我们的心态。

也许，他不爱干家务、大男子主义，但他时常在办公楼下接你下班；也许，你们没有很富裕的经济背景，但彼此眼神真诚，生活得很踏实；也许，他不再甜言蜜语或买礼物给你，但他并不见异思迁，让你觉得很放心；也许，你们少了浪漫的约会和情调，但他下班后会带回你最爱吃的零食。

从飘在云上的高空转身下来，换一个角度去看待，幸福的婚姻就是平淡中的踏实。平淡中不是没有爱，爱就包含在每一个的平淡细节之中。真正幸福的婚姻就像煲汤，需要文火慢慢炖，这样做出来的汤方可醇香、令人回味。

转身之后，彼岸就在脚下

当我们被命运散落在清凉的寂寞中，拼命地追求繁华，想让那火红的生活燃烧自己的生命。当我们被繁华重重包围之时，精神却又疯狂地寻求突围，总觉得繁华好似指间沙，握不住、留不下，想让那清凉的寂寞来冷却一下炙热的灵魂。生命中的这样两种心境，总在彼此羡慕和渴望着，宛如天平两端的砝码，平衡着生命的两极。这或许是为什么那么多浓烈的爱总会在阑珊灯火处迸发的缘故。

其实，我们需要的，只是简单地聆听内心的声音，跟着感觉走，爱情原来一直都在灯火阑珊处，无奈雾里看花摸不透。就像江美琪在《想起》中所唱道的："命运插手得太急，我来不及，全都要还回去，从此是一段长长的距离。偶尔想起总是欷歔，如果当初懂得珍惜。我知道眼泪多余，笑变得好不容易，特别是只能面对回忆和空气。多半的自言自语，是用来安慰自己，也许你字字句句都在倾听。"

当一份心仪已久的感情出现在面前时，就请用心去拥有吧！人生又能有几次这样的心动？不是每一次回首，都能看见有人在那灯火阑珊处立而等待的。一旦发现了，就该去珍惜和爱护，彼岸的幸福其实就在脚下；天涯，亦咫尺。

在《爱情呼叫转移》的续集《爱情左灯右行》中，女主人公聂冰是一个30岁的电视节目主持人，独立而不失优雅。

在现代都市的水泥丛林中，她在爱情和婚姻中迷失了方向，不知道什么样的男人才是自己的白马王子。

最后，在天使的帮助下，终于找到了自己的真爱。原来爱人其实一直就在身边，只不过自己从来不曾发现而已。

影片以其夸张讽喻的手法揭示了人物的内心，表达了社会各个阶层的人物，从律师到医生、从大款到艺术家，每一类人的爱情观都不同。要清楚自己真正需要和适合什么样的爱情，在和他们都接触之后，最冰才发现，原来真爱就是一种简单、一份执著、一颗真心；不掺杂世俗的物质功利，这才是自己想要的。而且，最值得珍惜的人其实一直就在自己身边，而自己却花费了很多时间和精力去别处寻找。

谁也预料不到自己会在什么时候遇见什么样的人。人生总是很奇怪，每天，我们总是在熙熙攘攘的人群中与某些人擦肩而过。也许，在我们曾经年少时，也会偶尔留意从身旁匆忙走过的人，幻想着如果在街上相遇也是一种缘分。然后在阳光下笑自己太傻太天真，怎能去幻想这样美好又浪漫的相遇？想起一个人的孤单落寞，转身却望见阑珊处的他，心里的幸福才如春天里疯长的花藤枝蔓。遇见爱，如此简单，又如此难得。唯有彼此珍惜、相持相携，才是岁月里最美的风景。

在爱情的道路上，一味地向前走，以为幸福就在前方。殊不知，在身后的某个地方，有个人，一直在原点等着自己，默默地守候。幸福的彼岸，或许就在脚下。昂扬地环顾四周时，猛然低头一看，真爱就在那里，简单得让我们几乎认为自己从来不曾拥有。

有一对年轻的情侣，彼此交往了很长时间，女孩却一直没有非常肯定地答应男孩嫁给他。男孩对女孩疼爱有加，却从未在女孩面前流过眼泪。女孩一直听别人说：只有肯为你流泪的那个男人才是真正爱你的。所以，女孩对他们之间的爱一直没有十足的信心。

有时，女孩也会娇滴滴地问男孩，他究竟什么时候才会哭一次？男孩说："傻瓜，别试着想看见我的泪，真有那么一天，也许就会有非常悲痛的事情发生。"他懂她的小心眼，却又忍不住笑她的纯真。

终于有一天，上天给了女孩这样的机会，天使光顾了她的家。

"真的想看见他的眼泪吗？"天使问女孩。

女孩问："能有办法吗？"

天使回答："可以，不过你会消失几天。"

女孩又问："我上哪儿去了呢？"

天使又回答道："你会变成空气中的水，但能时刻陪着他、看着他。你愿意吗？"

女孩毫不犹豫地答应了天使，她瞬间变成了空气中的水，一切变得新鲜。她先去了男孩的家，想看看他现在在干什么。停靠在男孩房前的窗户上，她看见他正在辛勤地工作：计算数据、制作图表，忙得不亦乐乎。

忽然他走到了电话机前。女孩想起，每天晚上 10 点钟，他们都会通个电话。

但如果他打不通电话会怎么样呢？女孩越发好奇，瞪大了眼睛。

果然，男孩拨了好多次都没人回应。这么早就睡了？那让她睡个好觉吧，男孩嘴角浮现出温柔的笑容。女孩却有点失望：他为什么不着急呢？

第二天，男孩准时上班下班，忙碌了一天。回到家后，马上又给女孩打了个电话，仍然无人应答。

他开始不停地打电话，打给了所有认识他们的朋友和亲戚，没有人知道女孩去了哪里。男孩似乎有点着急了，在房间里走来走去。女孩在窗口有些幸灾乐祸。

男孩穿起外套，甩门而出。她紧随其后。

他先来到了女孩的家，大门紧闭。邻居说昨天晚上就没见到她。男孩又来到女孩父母的家中，两个老人以为他们俩在一起，看着二老鬓角斑白，他不忍告诉老人她失踪了。看着男孩眼角的焦急，她有点后悔了。

整个晚上，男孩没有睡觉，他找遍了所有他们约会过的地方，到处都有她的身影，可又到处找不到她。

一夜的奔波让他憔悴了一大圈，连一向整洁、被他引以为豪的下巴也长出了胡子。他累了，瘫倒在沙发上。

女孩忍不住想摸摸他的胡子茬，想给他盖条被子。可她只是空气中的水啊！她想对天使说，我不想看见他的泪了，让我回到人间吧！可天使没有再光顾她的家。

第三天，男孩依然要上班，可是眼里没有了以前的光彩，走路时会突然转过身找什么。她以为男孩发现了自己，可她只是透明的水啊，她只能笑自己的纯真。

男孩下班后不再直接回家，而是来到了他们约会的老地方，那儿有棵老梧桐树。他坐在梧桐树下的座椅上，显得那么孤单。他好像在想些什么、在等些什么。"你会出现的，对吗？"男孩对自己说道。

第四天，男孩又来到了这里，并带来了一块小玻璃石，里面还有一艘小帆船。

他不发一言，只呆呆地望着玻璃石。女孩想起，他们说好以后要一起出海旅行。

第五天，男孩没有来。女孩在他的床上找到了他，他在睡觉。看着他苍白无神的脸，她心痛至极。这时才越来越感受到男孩对自己的爱，不禁在心里大声呼唤：天使，你归来吧！

第六天，男孩把玻璃石扔进了大海，让他的心一起沉入了大海。她一阵心酸：天使，让我变回人吧！

天使终于来到了她身边："太晚了，你马上就要离开这世界，和他吻别吧！"

她的泪瞬间落了下来。一周的消失就让他如此憔悴，要是自己真的不在了，他该怎么办？

女孩吻了吻男孩的唇，发现他的唇上有了一滴泪，那就是自己。

原来，男孩的眼泪就是她！

她拼命叫喊着：不，我不要离开……

还好，这只是一个梦。女孩在庆幸的同时告诉自己，再也不要看见男孩的眼泪了。

第二天，她提出要和男孩结婚。

"苦海无边，回头是岸"。可是，在我们徘徊于在哪里靠岸和犹豫是否回头找到岸边之时，却从没发现，幸福的彼岸已经在自己的脚下。如此，又何必回头呢？回头的岸早已经不在，就如同曾经逝去的一切一样，永远不会再回来。

提着痛苦的包袱上路是多么可悲。痛苦与快乐都是自己的选择，将不满足的包袱扔掉。转身之后，一路的幸福就已经铺满在脚下。

眼前的，才是无价的

人是一种易于怀旧的感情动物，往往认为失去的永远是最美好的。当我们拥有爱情的时候，可能觉得也不过如此，根本没有意识去体会彼此间的爱意。正如德国哲学家叔本华所说："有一种人总忽视现在，只寄望于未来；他们以为现在不是时候，未来才更好，于是总在等待中错过了最精彩的现在。其实，这种做法简直和我在意大利看到的笨驴没什么两样。"

生活就是这样，一旦失去后才恍然明白，原来他（她）对自己是多么重要。一生当中，也许会遇到不止一个爱我们和我们所爱之人，但并不是每一个爱人都会一直守在我们身边，也不是每一段恋情都有重来的机会。当我们意识到应该珍惜的时候，幸福就已经悄悄地溜走，留下的只是缕缕的无奈和肆无忌惮的泪水。

既然前人已经尝到过错失当下的痛苦，那我们又何必还要凭吊着前者的空影，而不去感受现在的幸福呢？也许，当义无反顾地追求前者时，后者又将成为我们梦里的相思。所以说，不要把所有称心如意的希望都放在未来，当下拥有的才是无价。珍惜眼前的爱人，才能及时品味到挚爱的价值。

一个很古老却又经典的传说，再一次敲击着我们内心：无价的，是眼前的爱人。

从前，在一处深山老林里有一座圆音寺，每天都有许多人来此上香拜佛，香火很旺。

在圆音寺庙前的横梁上，有一张蜘蛛结的网。由于每天都受到香火和虔诚祭拜的熏陶，蜘蛛便有了佛性。经过了1500年的修炼，蜘蛛的佛性加深了许多。

忽然有一天，佛祖光临了圆音寺，离开寺庙的时候不经意间看见了横梁上的蜘蛛。佛祖停下来，问这只蜘蛛："你我相见总算是有缘，既然你修炼了1000多年，我要看看你有什么真知灼见。"

没等蜘蛛应声，佛祖就接着问道："世间什么才是无价的？"

蜘蛛想了想，回答说："世间无价之物莫过于'得不到'和'已失去'。"

佛祖听后，只是微微笑了笑，便离开了。

蜘蛛依旧在圆音寺的横梁上潜心修炼，又过去了1500年。

忽然有一天风起云涌，风将一滴甘露吹到了蜘蛛网上。蜘蛛望着甘露，见它晶莹剔透，很是漂亮，便顿生喜爱之意。突然，又刮起了一阵大风，将甘露吹走了，蜘蛛很难过。

这时佛祖又来了，问蜘蛛："蜘蛛，现在请你告诉我，世间无价的是什么？"

蜘蛛想到了甘露，仍旧对佛祖说："是'得不到'和'已失去'。"

佛祖说："好，既然你的回答和上次是一样的，那就让你和我一起去人间走一趟吧。"

于是，蜘蛛被带到了人间，投胎到了一个官宦家庭，成了一个富家小姐，父母为她取名叫蛛儿。

一晃，蛛儿到了16岁，出落成了一个楚楚动人的少女。

这一日，皇帝决定在后花园为新科状元郎甘鹿举行庆功宴席。宴席上，来了许多妙龄少女，包括蛛儿，还有皇帝的小公主长风公主。状元郎在席间表演诗词歌赋，大献才艺，在场的少女无一不被他所折服。蛛儿心想，这一定是佛祖赐予她的姻缘。

过了些日子，蛛儿陪同母亲上香拜佛的时候，正好遇到甘鹿。上完香、拜过佛之后，蛛儿和甘鹿便来到走廊上聊天。蛛儿很开心，终于可以和喜欢的人在一起了，但是甘鹿却并没有表现出对眼前这个女孩子的喜爱。

蛛儿对甘鹿说："你难道不记得16年前，圆音寺蜘蛛网上的事情了吗？"

甘鹿很诧异，说："蛛儿姑娘，你很漂亮，也很讨人喜欢。但你的想象力未免太丰富一点了吧。"说罢，便起身离开了。

几天后，皇帝下诏，命新科状元甘鹿和长风公主完婚，蛛儿和太子芝草完婚。

这一消息对蛛儿来说，如同晴天霹雳。几日来，她不吃不喝，生命危在旦夕。

太子芝草知道了，急忙赶来，扑倒在床边，对奄奄一息的蛛儿说道："那日，在后花园众姑娘中，我对你一见钟情。于是便苦求父皇，他才答应。如果你死了，那么我也就不活了。"说着就拿起了宝剑准备自刎。

这时,佛祖来了,他对快要出壳的蛛儿灵魂说:"蜘蛛,你可曾想过,甘露(甘鹿)是风(长风公主)带来的,最后也是风将它带走的。甘鹿是属于长风公主的,他对你来说不过是生命中的一段插曲。而太子芝草是当年圆音寺门前的一棵小草,他看了你3000年,爱慕了你3000年,但你却从来没有低下头看过它。蜘蛛,我再问你,世间什么才是最无价的?"

此时,蜘蛛一下子大彻大悟,它对佛祖说:"世间最无价的不是'得不到'和'已失去',而是眼前能把握的幸福。"

话音刚落,佛祖就离开了,蛛儿的灵魂也复位了。她睁开眼睛,看到正要自刎的太子芝草,马上打落宝剑,和太子深情地拥抱在一起。

世间无价之物不是"得不到"和"已失去"。当我们长久地为那个根本得不到的人驻足,或者为那个已失去的人黯然心伤时,我们就已经失去了最美好的感情,那就是眼前的爱人。当那个"爱我的人"因失望而选择离开时,我们才蓦然惊醒:原来他(她)才是上天许给我的姻缘。缘分天注定。正所谓"花开堪折直须折,莫待无花空折枝"。唯一要懂得的道理是:珍惜眼前人。

两个人相处最重要的就是互相尊重、互相谅解,不要忘了时刻为对方着想。爱情的基础再坚实,也禁不住无视的侵蚀。不要整天忙得天昏地暗,忙得忘记关心对方。真正的爱不是等我们有空了才去爱。同时,想要感情长久,也不能只靠单方的努力或一味地索取。付出并不是为了回报,并不是付出多少就会得到多少。爱一个人不是看他能给多少,而是看他是否有多少就给多少。

相爱时要真诚、愉快时懂分享、争执时需沟通、生气时须冷静、指责时要体谅、结婚时需包容。漫漫一生,与我们擦肩而过的人又岂止千千万?有几人是知音?又有几人是深爱着自己的人?不要为那些远在天边的爱再蹉跎岁月,与其众里寻他(她)千百度,不如疼惜眼前真爱人。

爱情里没有比较

一首《爱情不能作比较》，唱出了多少人的心酸："他很好 他多好／这些我并不想要知道／再难忘掉 多狂烈的拥抱／这回忆他怎么给的到／他多好 而我不同的好／最后是谁不重要／因为我知道 爱情不能作比较／就算是今天换一个人依靠／明天谁又比谁好／爱看不到 听不到 怎能作比较……"

的确，爱情里没有比较。在爱情中相互比较是最可怕的，因为我们会在比较中对自己已经拥有的无法欣赏，进而无法满足。所以，爱情根本不需要也不能比较，一份适合自己并令双方满意的爱情，对任何一个人来说都是最好的。爱与被爱都是一种幸福，既然曾经选择牵手，就不要随便说放手。爱情的主角应该是你和他(她)两个人，只要适合自己的，就是最好的。

首先，别人的爱情与自己无关。即使被很多人追捧的人，也未必适合你；即使是大家都不看好的那一个，也许才是你的真命天子。答案取决于你的感受，而非他人。更不是为了那种争强好胜"不服输"的虚荣心。

另外，也不要把现在"你们"的爱情和过去"他们"的爱情相比较。不管对方曾经怎样，最重要的是当下如何，对方是不是和你相处和谐的人。就像鞋子和脚的关系一样，舒适是第一位的。

曾经，有一对情侣相互之间很甜蜜。

女孩总喜欢问自己的男友："是我好，还是你以前的女友好？"或者是："是我漂亮，还是你以前的女朋友漂亮？"每次，男孩都会被这样的发问弄得既尴尬又扫兴。

一次，女孩无意中得知男友的银行卡密码是他前任女朋友的生日，女孩大发雷霆，觉得男友还爱着以前的女孩，很伤心地向男孩提出分手。

这一次，男孩显得也很生气，但他认真地对女孩说："现在我们的感情这么好，为什么非要总把以前的事情摆在眼前，让我们两个人起争执呢？我爱的是现在的你，不是过去的她。不要再去比较了，那是没有意义的！"

女孩仔细想了想，认识到是自己太任性了。总是去碰触他曾经的伤疤，也许他回想起来会更痛苦。既然他现在选择的是和自己在一起，那么又何必在意他曾经属于过谁呢？

我们应该认识到，恋爱关系和婚姻关系的正常解体并不是什么丢人的事，分手与被分手，如果对未来有好处的话，都应该积极看待，至少没有让错误继续下去甚至扩大的必要。

其实，真诚的爱都是一样的。但既然已经选择了分手，必定会有一些怎么也不能够在一起的原因。如此，我们何必因为过去的虚无而错失现在的幸福呢？对他（她）的宽容，也是对感情的宽容，更是对自己的宽容。不要在比较中丢失了现在的拥有。

如果有了一段过去的爱情，不如把它埋藏在心里的某一个角落。当新的爱情来临的时候，我们就要满怀欣喜和勇气地去迎接它。不要把尘封已久的上一段感情和现在的作比较，因为爱情不是用来比较的。如果不是出于爱情，而只是证明自己的魅力或者控制欲，通过恋人对自己的百般呵护和绝对忠诚来找回自信，那么结果一定不会很好。因为这样就等于已经把自己的愉快和幸福寄托在一些不确定的因素上，受制于人。

除此以外，比较似乎会让人上瘾。只要尝过一次"更好"的滋味，就想寻求更多的"更好"。我们的眼睛总是盯着别处，而看不到自己眼里的风景。

所有的比较在这份细腻到已经融入生命的爱的面前，都是那么的委琐而不值一提。当用内心去体验时，怎能不被拥有这样的幸福而感动？

对任何事情都不要比较，好只是相对的，成就幸福最简单的方法就是：怀着一颗知足的心，守护好当下已经拥有的。

第八章
带着坐标尺前进，该转弯时就转弯

《孙子兵法》云："先知迂直之计者胜。"曲中有直，直中有曲，这本就是辩证法的真谛。强攻硬打，取败之道；侧面迂回，方含胜利之机。

无论是处世也好，为人也罢，都应懂得"月满则亏，水满则溢"的道理，也都应学会欣赏"花未全开月半圆"的美丽。以人生坐标为尺度，在不违理想、不失准则的前提下，该转弯时就转弯。这不仅是一袭侧立转身的优雅，更是一份孑然而出的洒智。

惹不起，躲得起

俗话说得好，惹不起，躲得起。这是一种保全自身的处世方法。当压力已经大到超过我们脊柱所能承载的最大负荷时，适时地弯腰和躲避便是为了不致永久的折断。为了避免自己受到伤害，就必须避免和对手发生正面冲突，就必须远离危险，为自己构筑一道防火墙。

在战场上作战也好，在生活中为人处世也罢，如果力量对比过于悬殊，那就只能采用游击战术，敌进我退、敌困我扰。退避不是认输，更不是放弃，它是一种带着坐标尺的前进，有了远处最终目标的卡位，只要是能够保存实力以图再起的办法，都是好选择。

在自己明显处于劣势的情况下，能够控制住情绪，主动退后一步，放弃一时"硬碰硬"的逞强，这样才能够为将来蓄势。如果明知不可为而为之，那么吃亏的只能是自己。

书法家颜真卿是三朝老臣，他为人忠贞、正直敢言，官至太子太师，在社会上名声很大。正是因为他刚直不阿的性格，不知不觉中得罪了宰相卢杞，卢杞总想把他排挤到外地去。

论书法和气节，颜真卿堪称为当世一流，但要对付卢杞这样的奸诈小人却是苦无良策。其实，颜卢两家是世交，父辈曾携手并肩浴血沙场，是同生共死的兄弟。但即使如此，卢杞也不放过他。

颜真卿的脾气倔，他知道卢杞要整治自己，却从不服软。一天，他特意赶到中书省对卢杞说："我曾经被小人陷害，长期被排斥在外地。你我两人往日无怨，近日无仇，当年安史之乱时，我与你父亲血战平原，恩深情笃。今天你就忍心不念旧情，就真的不能容我吗？"突如其来的一番话说得卢杞脸色绯红，从那时起，卢杞心中更加痛恨颜真卿了。

没过多久，李希烈发动叛乱，叛军攻陷了汝州。卢杞见机会难得，就向唐德宗建议派颜真卿前去劝降。卢杞不怀好意地说："如果陛下派一位德高望重的老臣去劝说李希烈，他一定会改过自新，不费一兵一卒就平息叛乱。颜真卿就是最合适的人选，他名闻海内，德高望重。如果派他前去，李希烈不久就会归顺朝廷。"这显然是蓄意陷害颜真卿。

没有主见的唐德宗听信了卢杞的话，命令颜真卿去汝州安抚李希烈。诏书下发之日，举朝震惊，很多文武大臣都看出这是有人存心为难颜真卿。结果，颜真卿被叛军扣留，最后被其所害。

卢杞就是一个小人，他要想陷害什么人，一定会处心积虑地寻找机会。而颜真卿明明知道卢杞是个得罪不起的小人，可他"惹不起"却偏不"躲"，怒形于色，让对方毫无顾忌地与之相斗，最后遭到对手的暗算，实在不是明智之举。

争勇斗狠是匹夫的鲁莽行为，即使是官居高位的人，也免不了会犯这样的错误。适时地转弯并不是一种屈服，而是为了不直面强力以免折损，这才是有勇有谋的表现。需要糊涂的时候不要逞强是非，方是大智者。

春秋时期，晋献公听信了谗言，把自己的太子申生杀了，又派人捉拿申生的弟弟重耳。重耳闻讯逃出了晋国，在外流亡了十几年。

经过了千辛万苦，重耳来到了楚国。楚王知道重耳曲折的经历，十分看好重耳日后的发展。因此，楚王为了稳住重耳，以国君之礼相迎，待他如上宾。

有一天，楚王设宴招待重耳，两个人推杯换盏，聊得十分高兴。聊着聊着，楚王突然问了重耳一个问题："你若有一天回到晋国当上国君，该怎么报答我呢？"

重耳心里突然一震，但是表面上却没有表示出来，他平静地说："大王待我如同上宾，每日以华服美食将我款待得十分周到。重耳来日若能得势，一定会知恩图报的。只是楚国物产丰富、人杰地灵，美色、珍宝无奇不有，大王也都不稀罕了。晋国是地薄人穷，要什么没什么，哪有什么珍奇物品献给大王呢？"

楚王听了重耳的话很高兴，他又说："公子过谦了，话虽然这么说，可总该对我有所表示吧？"

重耳笑笑回答道："要是真如大王所料，重耳能够回国当政的话，我将与大王和平共处，互不侵犯。即使有一天，晋楚两国之间不得不发生战争，我也一定命令军队先后退90里的距离，然后和大王坐下来谈和。如果还不能得到您的原谅，我再与您交战。"重耳的话说得是软中带硬、隐隐带有杀气。重耳当时已经意识到，将来如果他夺回晋国国君之位，很可能会跟楚国开战。

4年后，重耳果真回到晋国当了国君，就是历史上有名的晋文公。晋国在他的治理下日益强大。公元前633年，楚国和晋国的军队在作战时相遇。晋文公兑现了他当年许下的诺言，下令军队后退90里，驻扎在城濮。楚军以为对方害怕了，马上追击。晋军利用楚军骄傲轻敌的弱点，集中兵力大破楚军，取得了城濮之战的胜利。

重耳非常明白自己当时的处境，那叫寄人篱下，而且他们之间的力量对比是非常悬殊的，自己的生死存亡完全在人家的掌控当中，他是完全惹不起楚王的。因此，他在言语上尽量敷衍，不仅称赞和恭维楚王，还在将来发生矛盾时主动撤退，能躲的时候尽量躲避。

重耳后来的胜利证明了他过人的胆识和谋虑。需要躲避的时候不妨拐一个弯，否则就如同是拿鸡蛋往石头上碰。留得青山在，不怕没柴烧；今天的躲避是为自保，更为将来的图强。

所谓"强则攻，中则守，弱则避"。在与强大的对手发生冲突而己方力量不足时，就要选择躲避。此处的"躲避"并不单指"外逃隐踪迹"，更多的是要"内逃隐行迹"，即在危急之时，因为种种原因没能逃离是非之地，就要首先转换一种思维和姿态，弯得下腰，装作愚钝不堪、忍让谦卑，甚至胸无大志、降服归顺等假象，消除对方疑忌而得以保全。而这所有的忍辱，是一种姿态，更是风范，只为有朝一日挺起脊梁，按照原先的坐标尺前进，创造更大的价值。

弯直之道,进退有度

在世人心目中,所谓的"君子"一般是指那些正气凛然、刚直不阿,且不肯随波逐流、虚与委蛇之人。但是,最容易折断的也是最直硬的。其实,真正的"君子"应当是深谙弯直之道、懂得适时转弯、能够随机应变的人。因为,世间万物总是千变万化,衡量事物时也就不能拘泥于某一个固定的标准。

弯,不是阿谀奉承的谄媚,不是溜须拍马的嘴脸,更不是俯首称臣的屈辱。这里的弯腰是韬光养晦的大智慧。韩信受胯下之辱,不为苟且偷生,只为日后"韩信带兵,多多益善"积蓄原始能量;司马迁受宫刑,忍辱负重,留将正气冲霄汉,终成信史照尘寰。弯,是沉伏,更是积蓄。

直,不是飞扬跋扈的桀骜不驯,不是目空一切的自傲自大,而是积蓄后的爆发,是直挂云帆济沧海的自信。从物理学的角度来讲,适度地"弯曲"能够增强自身的动能和势能,往往就会引发出许多奇特的创造和出人意料的效果。

三国时期,董卓进京,坏事做尽,国人皆欲诛之而后快。曹操发诏联军,几番厮杀,都未能损其毫发。反而是手无缚鸡之力的王允,几个回合,竟然将董卓活活致死,不能不让人叹服。后人评说王允老谋深算,可谁又注意到他是在步步为营、机巧重重中掌握了屈伸之机、弯直之道,最终大功告成。

王允知道董卓和吕布都好色,且董卓本身也武艺高强,杀手与刺客恐难成事,能接近董卓的也只有吕布。如果能离间董卓和吕布,即便吕布刺杀不成,也能让董卓少了一员天下第一的猛将。

王允身为朝中重臣,竟然屈身讨好董卓的干儿子吕布,先送笔大礼,引他登门答谢。吕布尊他是朝臣,询问"何故错敬"。王允把吕布的虚荣心满足到了极致,一脸正经地说:"方今天下别无英雄,唯有将军耳,允非敬将军之职,实敬将军之才也。"这已让吕布飘飘不知所以然了。后又故意叫出天生丽质的养女貂蝉出来陪酒,虽然王允待若己出,但却允诺把她嫁给吕布。吕布大喜。

没几天,王允又宴请董卓来家,弯腰作揖,谦卑地吹捧:"允自幼颇习天文,夜观乾象,汉家家数已尽,太师功德震于天下,若舜之受禹,禹之继舜,正合天心人意。"董卓听后笑得合不拢嘴。王允趁势又说:"自古有道代无道,无德让有德,岂过分乎?"此时的董卓已放言:"若果天命归我,司徒当为元勋。"王允已被董卓承认为"自己人"了。后让貂蝉起舞助兴,董卓自然被迷得神魂颠倒,王允趁机献貂蝉给董卓。

吕布闻听大怒,便找王允算账,王允说董卓是借为吕布娶亲的名义把人接走的,轻松骗过吕布。此后貂蝉更是周旋于董卓和吕布之间,凭借自己的聪慧,终于挑反吕布,成功刺杀了董卓。

弯直之道,就是在复杂的政治环境中,特别是在自己力量尚不充足、羽翼尚未丰满、战机尚未成熟的时候,通过各种弯腰的手法断然退避,就像把箭收藏起来那样暂时隐匿自己的才能和锋芒,隐蔽自己的真实企图或目的,甚至隐辱忍痛,借以掩饰政治上的雄心和志向。这样方可养精蓄锐,保存自己的力量,以待日后削弱或消灭对方。

以屈求伸、以弯求直、以退为进是力量薄弱、身处逆境、于己不利时的处世方式和成功策略。在客观条件不允许的情况下,如果硬去蛮干,那只能变成一个莽汉,结果也只能是自讨苦吃。如果能够尊重客观事实,弯腰弓背,示弱于强,以减少对方的戒备,取得喘息、休整和积蓄的机会,往往能够取得最后的成功。

大丈夫能进能退,能够在弯直之间自由驰骋。古有蔺相如,只身持璧入虎穴,后完璧归赵,渑池赴会,与秦王斗智斗勇,何其"直"也!而面对廉颇,甘心以礼相让、以诚感人。廉将军也不愧为大丈夫,感召之下,留下负荆请罪的佳话,何其"弯"也!弯直之间,自由取之,能进能退,所向无敌。而当下社会中,也有这样懂得进退有度的人。

不会因时制宜的人是鲁莽的。对于那些我们一时难以办到的事情,千万不能孤注一掷、一意孤行。否则,只会在那一刻"竹篮打水一场空",徒耗精力和体能。怀着一颗弯直之心进退有度,懂得"该出手时才出手",方能"屡战屡胜",方是大丈夫所为。

大丈夫不是懦夫,只会退缩;但也不是猛士,只顾一味前冲。古人曾就处世之道请教姜太公,答曰:"尺蠖之曲,以求信也;龙蛇之蛰,以存身也。精义入神,以致用也;利用安身,以崇德也。"也就是说,大丈夫要像虫蛇一样能弯能直。弯得下腰又抬得起头,达到出神入化的地步,就能够安身立命,趋向尚德功成的境界。

硬拼不行,不妨侧面迂回

在夺取冠军、获得成功的道路上,有无数的坎坷与障碍需要我们去跨越、去征服。我们通常有两条路可以走:一条是找出对方的破绽,选择攻击对手的薄弱环节,给予其致命一击,用出其不意的技术或技巧快速解决问题。而另一条路,则是学会放弃眼前的,不跟对方硬拼,反而从另一个侧面入手,全面增强自身实力,在人格、知识、智慧、实力上让自己加倍地成长,变得更加成熟、强大,以己之强攻敌之弱,使问题迎刃而解。

《孙子兵法》中有言:"先知迂直之计者胜。"曲中有直,直中有曲,这是辩证法的真谛。山谷凹陷,进而起伏出峰顶;困难打击,进而磨砺出胜利。退一步,进两步,沿着螺旋式的轨迹上升,步子才稳健。

诚然,两点之间直线最短,但在有些情况下,近,成了真正的远;远,却变为实际的近。尤其在对抗和竞争之中,要结合个体的努力程度,更要结合环境的虚实、优劣整体而论。不要凡事都只从眼前出发,在迂直问题上要学会转换角度。学会选择、学会放弃,才能成为冠军。

一位搏击高手在参加一次锦标赛前信心满满,自以为胜券在握,一定可以夺得冠军。但没想到的是,就在最后的决赛中杀出了个程咬金,搏击高手竟然怎么也找不到对方招式中的破绽,而对方的攻击却往往能够突破自己防守中的漏洞,有的放矢地攻击到他。

比赛的结果可想而知，这个搏击高手惨败在对方手下，与冠军的奖杯无缘。

赛后，搏击高手愤愤不平地找到自己的师傅，一招一式地将对方的招式演练，请求师傅助他一臂之力，找出对方招式中的破绽，并据此想出破敌之策。

面对弟子的硬拼硬打，师傅笑而不语，只在地上画了一道线，要弟子在不能擦掉这道线的情况下设法让其变短。

搏击高手顿时有些丈二和尚摸不着头脑，他千思万想，也没有找到让地上这条线变短的办法。最后，他无可奈何地放弃了，转向师傅请教。

这时，师傅在原先那道线的旁边又画了一道更长的线。两者相比较，原先的那道线看上去自然就变短了许多。

师傅开口道："夺得冠军的关键，不仅仅在于如何攻击对方的弱点，正如地上的长短线一样，如果你不能在合适的情况下使这条线变短，你就要懂得放弃从这条线上做文章，从另一个侧面迂回，寻找另一条更长的线。也就是说，你需要苦练的，不是直来直去地和对方硬拼，而是怎样使自己更强。"

听完师傅一番话后，搏击高手恍然大悟。师傅拍拍他的肩膀，笑着说："搏击要用脑，要学会选择，攻其弱点。同时要学会放弃，不跟对方硬拼，以己之强攻彼之弱，你就能夺取冠军。"

的确，在碰到难题强攻不下时，我们不要总着眼于眼下，想着如何正面、直接地克服障碍、解决问题。为了心中的大目标，不妨放弃眼前看似直线式的前进，迂回思维，让思维过程适应某些问题及问题的某些发展阶段的实际情况与需要，在一定时间内暂时转入一个曲折蜿蜒、绕道前行的角度。这也许在一定时间看似是舍近求远，但从长远观之，实在是舍小顾大。

只知道直来直去、不懂得侧面迂回的人，往往都会碰得头破血流；即使最终强取而得，也耗费了超出常规几倍的资源。我们不妨转换思维方法，充分认识当前局势，分析对比，审时度势。直走不通，便放弃眼前似乎唾手可得的近道，迂回而行。最终大都能迈出困境，取得成功。蒙元攻宋几十年，所采用的迂回战术被后世军事家称为"大迂回战略"，对后世的军事战争起着至关重要的影响。

早在公元 1216 年，成吉思汗就曾召见汉族降将郭宝玉，询问攻取中原、一统天下之策。郭宝玉答曰:"中原势大,不可忽也。西南诸蕃,勇悍可用,宜先取之,借以图金,必得志焉。"

郭宝玉这番论述对"一代天骄"成吉思汗果真有所启示。于是,成吉思汗在临终之前,便以超人的胆识和气魄,提出了利用南宋与金之间的世仇,借道宋境,实施战略大迂回,从而一举灭金灭宋的战略决策。

后蒙古攻打南宋,受阻襄阳,于是经青海、下金沙江、攻吐蕃、灭大理、经云南、出湖南,迂回万里,历时数年,声势及消耗都可谓空前。最终由成吉思汗之子窝阔台、拖雷、忽必烈等完成。

根据成吉思汗的战略思想,后世军事专家总结出:大迂回,就是进攻部队避开敌方整个防御体系,向敌之侧翼或后方实施远距离机动而形成合围态势的作战行动,是战略追击的最高阶段。这一思想被世界公认。瑞士军事家若米尼就曾指出,一些伟大军事统帅在战争中取得胜利的秘密就在于:善于"集中他的主力,迂回攻击敌人的一翼"。他确信,如果在战略上采用这一原则,"那就发现了全部战争科学的钥匙。"

迂回战术在军事方面应用成熟的同时,也培养了人们思考、行事中新的思维方式。正面不通,绕道而行,以避免正面冲突所带来的玉石俱焚。从侧面来思考问题,也叫侧向思维,在生活和工作中有许多问题很难用直接求解的方法得出答案,这时就需要转换方式,从侧面迂回地去解决。

当我们遇到了难以克服的障碍,思考如何解决某个问题时,总是容易下意识地只从眼下去观察和分析,从而使眼光局限在事物的纵深面。"迂回思维"告诉我们:在紧盯矛盾"纵面"的同时,也要重视与思维对象相关的侧面或间接信息的注意与感知。培养高屋建瓴的大局意识,就能够勇于舍弃既得的"近处",有意识地走一条曲折的 Z 字形道路,以求避开或者绕过障碍。这种"四两拨千斤"的轻巧,既降低了解决问题的难度,又减少了为之付出的代价,不能不说是"舍小成大"的典型。

剑走偏锋，换个角度更得力

生活中的我们都会经历很多种热流的冲击。当一股股强大的热浪迎面袭来的时候，大多数人也许会像弗洛伊德所说"从众是人类的本性"那样，无论是言行还是观念，都或多或少地受到周围"大多数"的影响。人们常说成功就在于坚持到底、永不放弃。但往往，只踩着前人的脚印走，是永远发现不了新陆地。

要知道，人人都向往的事情对自己而言不一定就合适，就要跟随。同样，别人都不关注的角落，也不一定就没有"黄金"。其中关键在于，我们每一个人都有自己的坐标尺。要想获得与以往不同的成功，就必须能够保持冷静的头脑，在理性分析的基础上独树一帜，有勇气、有智慧地跳出前人或是"众人"的模式，走出一条新路。

有这样一个真实的故事在华东5省广为流传：

两个青年一起开山。一个把石块砸成石子运到路边，卖给建房的人；另一个仔细观察到这里的石头总是奇形怪状，故而把石块直接运到码头，卖给杭州的花鸟商人。不到3年，后者成了村里第一个盖瓦房的人。

又过了几年，经营果园在村里开始时兴起来。那个村里的梨不仅产量高，而且汁浓肉脆，深受国内外客商的欢迎。就在大家纷纷投资树种的时候，那个曾第一个盖瓦房的人却卖掉了果树，开始种柳。因为他发现，来到这里的客商不愁挑不到好梨，只愁买不到盛梨的筐。果然，他又成了第一个在城里买房并做起服装生意的人。

20世纪90年代末，日本丰田公司亚洲区代表山田信一来华考察，当他坐火车路过这个小山村听到这个故事后，当即决定下火车寻找这个人。山田信一认定这是一个懂得在生意场上独辟蹊径、侧面迂回的人，遂决定以百万年薪聘请他。

有些人不敢选择剑走偏锋的原因大都是因为有着这样一种心理:跟着别人走,就算不成功,也不会输得太惨。实际上,这样的想法是禁不住仔细推敲的:试想,跟在别人的后面又能给我们留下多少机会呢?所以说,只有摒弃这种谨小慎微、拾人牙慧的思想,转换为迂回独辟的模式,才有可能获得最终的成功。

有一年,哈佛大学要在中国选拔一名学生,其留学期间的所有费用均由美国政府全额提供。消息一出,成千上万的考生都来参加选拔考试,渴望自己成为那个幸运儿。

最终,通过考试选拔出了30名候选人进行进一步的面试。当天,30名学生及其家长云集在上海的一个大饭店等待面试。当主考官劳伦斯·金出现在饭店大厅的一瞬间,数十名考生从各路纷纷上前,把劳伦斯·金团团围住。他们用熟练的英语向他问候,有的甚至还迫不及待地作起了自我介绍。

在这样的局面下,只有一名学生和其他所有人不一样,他没有围住主考官,而是注意到被冷落一旁的劳伦斯·金的夫人。于是,他向着劳伦斯·金夫人的方向走去,主动和她去打招呼。然后,这名学生并没有作自我介绍,也没有打听面试的内容,而是友善地询问她对中国的印象如何。就在劳伦斯·金被围得水泄不通、不知如何招架的时候,站在大厅一角的另外两个人却谈得非常投机。

这名学生在30名候选人中成绩不是最优秀的,可结果是,他被劳伦斯·金选中了。

这个故事又一次验证了独辟蹊径更易于成功的道理。我们常常因通向成功的大门锁得太紧而抱怨不已,却从来没有想过换一种方法。追求成功的人一定不要被从众心理所俘获,想来,除了竭尽全力清扫前行的路障之外,我们尽可以绕行、爬墙甚至想办法把锁撬开,只要不受沉疴思维的摆布。

在生活和工作中有许多问题很难用直接求解的方法得出答案,这时就需要转换方式,转向解决。不要凡事都幻想着走直径,在迂直问题上角度的转换往往能给我们带来质的改变。

有一位青年,去美国一所著名大学的计算机系留学深造。博士毕业后,他想在美国找一份理想的工作。

可是由于他的起点高、要求高,结果连续找了好几家大公司,都没有录用他。思来想去,他决定收起所有的学位证明,以一种最低身份求职。

不久他就被一家大企业聘为程序录入员。这对他来说简直就是小菜一碟，但他仍干得一丝不苟。不久，老板发现他能看出程序中的错误，非一般的程序录入员可比。这时他才亮出学士证，于是老板给他换了个与大学毕业生对口的工作。

又过了一段时间，老板发觉在这个工作岗位上，他还是比别人做得都优秀，就约他详谈，此时他才拿出了博士证。

由于老板对他的水平已经有了全面的认识，就毫不犹豫地重用了他。

在碰到苦难强攻不下时，我们不要总在想着如何正面、直接地克服障碍、解决问题，迂回的思维发展过程并不是笔直的直线式前进，而是让思维过程适应某些问题及问题的某些发展阶段的实际情况与需要，在一定时间内暂时离开直线轨道，转入一个曲折蜿蜒、绕道前行的角度。根据自己的实际情况选准目标，不管在他人看来有多么"偏离"，也不管有多少人对此嗤之以鼻，只要目标明确、脚步坚实，最终的成功必将属于我们。

不要被"沉默的螺旋"所带领着去踩别人的脚印，那样永远也不可能走出一条新路。不妨转换一种思维方法，在充分认识当前局势的基础上，分析对比、审时度势，该转弯时就转弯，在迈出困境的同时，也许就获得了柳暗花明的改变。

激流勇进，功成身退

"飞鸟尽，良弓藏；狡兔死，走狗烹。凡物盛极而衰，只有明智者了解进退存亡之道，而不超过应有的限度。"这是灭吴复国、功成名就之后，越王的股肱之臣范蠡对其同僚文种所说的话。纵有越王百般的威逼利诱，范蠡毅然不辞而别。果然，人走后，越王对范蠡的家人封地嘉赏，铸其金像置于案右，仿佛仍在朝议政一般。而文种却迟悟一步，当称病请辞时,已沦落到被赐当年命伍子胥自裁之剑的下场。对待官禄不同的态度,对待人生取舍不同的选择,自然也就有了两种截然不同的结果。

只知道进取而不懂引退,就是《易经》"乾卦"中所说的"亢",即过分的意思。天时人事同一枢机,进取引退道理相同;当收不收、当退不退,灾难也就不远了。成就功业后及时抽身引退,这才是符合自然规律的,所谓盛极必衰、月满则亏、水满则溢。一味地争强好胜、奋勇斗狠,胜了还想再赢取,登峰了还望再造极,最终的结果往往事与愿违,不仅后面的没有得到,就连前面的成果也会失去。

自然发展的规律从来都是前进与后退相互叠加式地推动,从来都没有长盛不衰之理。人生中的顺境也只是一个阶段而已,没有人可以一直走上坡路。在我们取得辉煌以后,也许接下来要面对的就是高位的盘整或是一轮下跌。若想保住胜利果实,让人生没有遗憾,就要学会在灿烂中果断地选择转弯。

对成功人士来说,他们着眼的绝非一时一地的成就,而是总在选择最能发挥自己个性、展示自身能力的机会。他们从来不会囿于一时的成功,不会迟钝到在一个位置磨蚀自己的兴趣和热情。往往总是在别人想象不到的时候急流勇退,去追求一种全新的成功。

适时地做出一些让步,既不是无原则的屈服,更不是软弱的退却,它是在理性分析当前局势的情况下而做出的明智选择。追求成功是我们的理想,但有些人仅仅以为努力进取、奋力拼搏才可达到巅峰。俗话说:"退一步,进两步。"但凡有所成就者,他们中的很多人恰恰是能在关键时刻急流勇退、适时转弯,寻找新的发展领域。在体育界就有很多这样功成身退的例子。那些体育健儿取得了辉煌的成绩后,主动选择离开,恰当地转换了人生的轨道。不仅锁定了以往的胜利,也为自己开拓了更大的空间。女排教练郎平就是如此。

郎平的体育生涯可谓十分精彩,除了在世锦赛上和队友一起拿过五连冠,其他的冠军头衔更是数不胜数。她不仅是国家体委授予的运动健将,还是全国十佳运动员。

1987 年,从国家队退役的郎平进行了她人生的第一个华丽转身:选择去美国留学。初到美国时,为了挣学费,她加盟了意大利甲 A 排球俱乐部摩迪那队,成为登陆意大利排坛的第一个中国人。而后十几年,她先后收到很多国家队的邀请,担任教练。最为辉煌的就是 2005 年应美国排协之邀，执教于美国女排。在她精心的指导下，美国队拿到了 2008 年北京奥运会的入场券，并且在最后的决赛中取得了亚军。

就在她再一次享誉世界排坛之时，她再一次选择了人生某一阶段的"收场"：不再续约美国女排主教练职务。人到中年的郎平懂得，事业的成就已几近辉煌，接下来的生活应该把更多的时间留给家人。

郎平不仅在做球员的时候冲出了亚洲，走向了世界，做教练也是一样。在她达到事业巅峰的时候，她没有执拗于继续任教，而是转身回到了家人身边，这种功成身退需要很大的勇气和决心。很多人为此感到惋惜，但是郎平自己没有任何遗憾，因为她不但给自己的体育生涯画上了完美的句号，同时也开始了人生新一段旅程的精彩。这样的转身，何其优雅，又何其睿智！

在取得成绩的时候，我们往往不能够清醒地面对自己的处境；一味地留恋并不会让成功延续下去，此时的抽身而退是一种识时务的保全，更是一种儒雅的旋转。若想开拓新的领域，若想不沉溺于一种味道的人生，就要懂得适时地急流勇退，翻开生命之书新的一页。

见什么人说什么话

俗话说："见什么菩萨卜什么卦，看什么对象说什么话。"这意思是说，说话要分人，针对不同的人采用不同的说话方式。该直则直，当弯则弯，因人而异。

有这样一种片面的理解，认为"见什么人说什么话"是极其圆滑和虚伪的表现。但实际上，这恰恰是与人交流沟通的一项秘诀，是了解别人同时也能得到他人认可的一种说话艺术和技巧，是一个人社交能力、学识修养、处世态度的具体体现。

有的人虽然有很强的语言表达能力,却凡事以自我为中心,涵养不足、目中无人,只喜欢谈自己感兴趣的话题,不顾及他人的感受。我们常能看到身边那些与周围格格不入的人,也偶尔能听到官腔十足、招致群众反感的干部讲话。其实有时候,放弃以往一成不变的说话方式,往往就能收到事半功倍的成效:与上司说话敬重有加;与朋友说话真诚自如;与下属说话亲切自然。否则的话,不懂得弯直之道、适用之理,只能"处处打水处处空"。

一般来讲,运用"因人而异"说话法时,可以分门别类地从以下几个方面去考虑。首先是年龄的差异:对年轻人,不妨采用一些富有激情,甚至是煽动性的语言;对中年人,应讲明利害,供其斟酌;对老年人,应以商量的口吻,以表尊重。其次,根据对方职业的不同,运用与对方所掌握的专业知识关联较大的语言与之交谈,则会大大增加他人对我们的信任感。第三,要有意识地捕捉说话对象的性格特点:若对方性格直爽,便可单刀直入;若对方性格迟缓,则要"慢工出细活"。当然,还应该针对不同的文化程度、兴趣爱好等差异,进行选择性地"输出"。

只要我们的方法正确,几乎没有解决不了的问题。这位理发师的故事就足以说明了,说话也是一门值得深究的艺术。

有一位理发师技术过硬,服务态度甚好,尤其善于言辞。当顾客有意见时,只要他一解释,情况即可发生变化。而他带的一个徒弟,虽然性格也很憨厚,干活勤劳,但就是不会说话,面对一些顾客的问题或责难,往往不知该如何解决。

一次,一位顾客理完发后,仔细照了照镜子,觉得不太满意,便提出非议:"这头发留得太长了吧!"

徒弟一听脸就红了,直愣愣地站在那里不知该说什么好。

这时,师傅赶忙走了过来,笑着对顾客说:"先生,您的头发留长点好,显得您很含蓄,这叫藏而不露,很符合您的身份与气质。短了,倒难看哩!"

顾客听了,也笑了,连连说:"听你这么一说,倒是也有道理。"

另一位客人在理完发后也照了照镜子,他撅着嘴问徒弟:"你怎么把我的头发剪得这么短呢?"

徒弟很委屈,长了有意见,短了也有意见,叫我怎么好呢?他一下又愣在了那里,一句话也说不出来。

师傅赶忙又过来，满脸堆笑地解释说："先生，短一点更显得您精神。您这短发很有特点，让人一看就觉得您特别干练、精明。"顾客一听，连连点头，满意而去。

又有一位顾客理完发后，一边交钱，一边说："小伙子，你这手艺倒是不错，可就是理发的时间也太长了吧！"徒弟听完后，半晌憋不出一个字。

师傅在一旁听得清清楚楚，忙上来解围说："先生，在头顶上花点儿工夫是值得的。有句话不是说得好吗：'进门苍头秀士，出门白面书生'呀！"

顾客一听，哈哈大笑起来，高高兴兴地走了。

又有一次，一位顾客理完发之后，很严肃地对那位徒弟说："你动作倒很利索，可几分钟就理完了，为什么不做得细致一点呢？"

听着顾客的责难，徒弟只好涨红着脸，无言以对。

师傅都看在了眼里，他不慌不忙地微笑着解释说："时间就是金钱呀，这顶上功夫速战速决，不正是为您节省了些时间吗？他是看您太忙了！"

顾客一听，也就没再说什么了。

事后，徒弟向师傅请教。师傅笑着说："年轻人，这服务行业不仅要练技术，还要练说话啊！一句话可以说得使人跳，也可以说得使人笑。这方面你还需要多加锻炼啊！"

想要做到见什么人说什么话，就必须加强我们自身的学习和修养。针对不同的人能恰如其分地说出不同的话，仅论口才是远远不够的，那些伶牙俐齿的"巧舌之妇"，尽管能说会道，但却登不了"大雅之堂"。出色的沟通能力，其实是由多种内在素质综合决定的，需要具有渊博的学识和丰富的人生经验。为此，我们就要在平时多读书、多思考、多实践、多积累。

另外，说话要考虑对方的文化背景。要适应交际的广泛性，就要考虑不同文化背景下说话的不同特点，与说话对象保持一致。从事不同职业、具有不同专长的人所具有的信息类型和兴奋点常常是不一样的。如果从对方一窍不通或一知半解的问题引出话题，就会让人有味同嚼蜡或者无言以对的尴尬。如果能抓住对方职业或专长的特点而诱发话题，就能比较容易触动对方心灵的"热"，进而产生共鸣。

被誉为"成人教育之父"的卡耐基曾经说过："一个人的成功，约有15%取决于知识和技能,85%则取决于与人沟通的能力。"可见,语言能力作为现代人必备的素质之一,已愈来愈受到人们的重视。因人而异的谈话方式不仅能让对方在与我们的谈话中感受到尊重与信任,更是一种"拿放自如"的处世之风,因此而改善我们行事、做人的"场效应"。

做人要直,说话要弯

有人认为说话时只要遵守真诚和直率的原则,就一定可以取得成效、赢得人缘。事实上,因为人们身份、性格、心理等个人因素的不同,对语言表达方式的习惯肯定也不会一样。如果不分对象地对任何人都用同样的语气、态度或措辞,往往导致的结果会参差不齐,甚至有天壤之别。所以,我们说话要注意分寸,不能够以一句"我很直率"来掩盖自己的过失。

我们都知道成语"文质彬彬"是个很不错的褒义词,形容一个人风度翩翩、举止优雅。而"文质彬彬"的原文和上下句的意思,知道的人可能就不多了。

"文质彬彬"史出《论语·雍也》:"质胜文则野,文胜质则史;文质彬彬,然后君子。"这意思是说:"质朴胜过了文饰就会粗野,文饰胜过了质朴就会虚浮;只有质朴和文饰比例恰当,然后才可以成为君子。"

从中我们能明白这样一个道理:为人过于直率,说话过于直爽,就显得粗俗野蛮了。

这里所讲的直话弯说,代表的意思是在不失自己做人真诚、厚道本质的基础上,学会策略的表达方式。尤其是在指出他人不足、建言献策的时候,更要懂得说话太直误人亦害人的道理。因为,直白的做法往往会把对方的缺点赤裸裸地暴露在光天化日之下,打击了对方的自尊心,贬低了对方的智慧,伤害了对方的感情。就算我们再怎样能言善辩、理由充足、逻辑缜密，也都难以让对方领情，甚至认为我们是在故意用"炫耀"的方式来衬托出对方的"无知"。

很多时候，我们没必要直接把话"说透"，稍一点拨，兴许就会让对方感受到余音袅袅的弦外震颤。此时的一个眼神、一种声调，或者一个手势，都能起到如话语般显明告知的作用。会说话的高手就像斗牛的勇士一样，能挥洒自如地应付、闪避灾难。

只要能达到一开始的初衷，我们并不一定非要时时、事事都坚持"有一说一"。该转弯时就转弯，侧面迂回的路线往往更容易被大多数人所接受。要知道，"拐弯抹角"的说话方式是充分站在对方的角度去考虑、顾及他人的感受，以最柔婉的方式向其传达"话外音"。古时秦国有个叫优旃的人，就是深知"弯折"之道。

优旃是秦国的歌舞艺人，个子非常矮小。但他说话幽默，常常能在说笑中映射出大道理。

一次，秦始皇在宫中摆酒设宴，正遇上天下大雨。宫殿中一片欢歌起舞，而殿外执位站岗的卫士却都在淋着大雨，受着风寒。

优旃见状，心里十分怜悯这些卫士，便故意问他们："你们想休息吗？"

卫士们几乎异口同声地说："当然非常希望。"

优旃则告诉卫士们："一会儿如果我叫你们，你们要很快地答应我。"

过了一会儿，优旃上前给秦始皇祝酒，之后又转身走向栏杆旁，大声喊道："卫士！"

卫士们答道："在。"

优旃说："你们虽然长得高大，又有什么用处？只能站在露天淋雨，我虽然长得矮小，却有幸在这里休息。"

秦始皇这才意识到自己的失误，知道优旃是在借用自嘲的形式来讽刺他。于是，秦始皇下令：准许卫士减半值班，轮流接替。

还有一年，秦始皇打算把打猎游乐的园林东延至函谷关，西扩至雍、陈仓一带。这样一来，几千亩农田将全部成为牧场。

朝中许多老臣听到这个消息后，都上书劝谏，直接批评这是劳民伤财，是万万不可为的事情。

秦始皇心中异常不快，怒言道："这天下都是朕的，朕想建个游乐场，你们这些老东西就婆婆妈妈！谁敢劝谏，拉出去立刻砍了！"

优旃听说后，就趁秦始皇兴致勃勃时探听虚实："听说陛下要扩大园林？"

"有这么回事。"秦始皇得意地说。

"好得很！"优旃说，"园林扩大了，可以多养禽兽，要是有敌人从东方来进攻，咱们可以用大大小小的鹿去撞死他们！"

秦始皇不禁被优旃逗笑了。然而仔细想想，为了国家的安危，还是不要过于玩物了。于是，扩建园林的事情就此被否决了。

这就是直话弯说的功效，直的是人心，弯的是策略。人人都有自尊心，都认为自己的决定和想法是正确的，不希望被别人不留一点颜面地直接驳斥。很多时候，不讲场合、不讲方式，仅仅只是怀着一颗"我是为你好"的心去劝说对方，反而会让其产生反感，甚至会产生"怎么只要我想做的，你就反对？我就这样了，你能怎么着"的逆反心理。

不管是规劝也好，谏言也罢，哪怕只是普通的一般聊天，都要学会改变以往我们直来直去的模式。要知道，每个人都有自我反省的能力，都会对自己的言行和判断进行反思。因此，在与人交流中，要充分考虑到对方的认知和接受感。若能换位思考，站在对方的角度，也就大都能同时表达了原则，并赢得了人心。兜圈子、拐弯路，看似与我们过去的"直线"方式截然相反，却为我们带着坐标尺前进的人生之路定好了节奏，握稳了步。

话音一转，便保住了面子

在日常生活中，有一种现象并不少见：不分时间、不顾场合地对别人责备、挑剔，甚至挖苦、讥讽，可当过了一时嘴瘾后，又追悔莫及。当我们逞一时口舌之快，不肯放弃自我冲动时，是否想到如此直冲冲的说话方式会给对方造成多大的伤害？会给自己埋下多深的隐患？

要知道，自尊甚至是虚荣，本来就是人们固有的属性。通俗说来，就是每个人都要面子，因为这几乎是一个人自尊心的具体表现。有些人可以吃暗亏，可就是不能吃"没有面子的亏"。他们也要争取平等，渴望被人承认，期待得到公正待遇。

一家公司的生产部经理已经跳槽到另一家公司效力，而起因只是因为一次生产会议。

那次，副总裁提出了一个有关生产过程的管理问题，越讲越激动，气势汹汹地将矛头直指生产部经理。为了避免在同事面前出丑，生产部经理对这些问题避而不答。这更惹火了副总裁，各种难听的话便脱口而出。

即使是指出工作中的失误，但恐怕也没人能禁得住这样当众的羞辱。"会议风波"过后没几天，这家公司就失去了一位能力出众的生产部经理。

如此看来，我们若想在社会交际中如鱼得水，就要懂得保护他人的面子，尤其是在公众场合，更切忌直率地指责。一些委婉、含蓄的表达方式，不仅保住了别人的面子，也是给自己送上了最好的礼物。而所谓不撕破面子，更多的时候会发生在因不了解对方而造成的沟通不畅甚至争论时，就更不能以怒制怒。最好的方法是放弃执拗的语气，转个弯、掉个头，主动给自己找个"台阶"下。既不伤害对方的面子，又能为日后的沟通、解释、道歉或劝慰而达成共识创造了良好的条件。

从某个方面来说，人生就是不断地说服他人、以寻求合作的过程；反过来也可以说，人生就是不断地遭到拒绝和拒绝他人的过程。拒绝他人也要讲方式，巧妙保护好对方的面子不仅不会让人下不来台，还能使人心生感激。

也许，每个芭蕾舞演员都有一个梦想：能在百老汇歌剧院的舞台上有一次演出，许多人付出毕生的努力就是为了达到这个神秘而庄严的目标。

这一年，百老汇歌剧院又发出了招聘歌舞剧主角的消息，这引起了芭蕾舞界巨大的反响，很多芭蕾舞演员都从世界各地前往百老汇参加选拔。

几轮筛选过后，大部分演员都被淘汰了，只剩下最后两名。又经过一番较量，其中一人被淘汰，终于留下了那个最后的"得胜者"。

为了维护那位被淘汰者的自尊心，评审员并没有直截了当地告诉她，那委婉而善良的表达足以让那位被淘汰者动心："你的舞艺很好，而且你是一个非常有潜力的芭蕾舞演员，将来一定会取得不凡的成绩。但是，这次本剧所需的角色可能不太适合你。我、们需要一位稍微活泼些的演员,这好像与你的个性不太符合。当然,等我们有了适合你的新剧本,一定会找你来出演。希望你今后继续努力练功,等待与我们的合作通知。"

在这样一件极尴尬的事情面前,被淘汰者本来已经对自己丧失了最基本的认识,觉得一无是处,什么也做不好。这样的伤害可见一斑。然而,那位芭蕾舞演员却又是十分幸运的,虽然被淘汰了,虽然没有得到很好的角色,听到评审员说的这番没有一丝伤及她自尊心的话后,她感到即使这次没有被选上,台阶下得也很体面、很舒服,心中的希望也不会因此而破灭。

往往,我们稍微的理解便能给对方带去一个最好的鼓励,无论是生理还是心理上的承受能力。在鼓励了对方的同时,也改变了我们自己的为人处世方式。谦恭有礼地给他人留足面子,方能换来对方的诚恳和信心。

留面子就是以坐标尺为轴线,在不失原则的前提下,给台阶,巧搭桥的"转弯"之道。这不仅会给他人带来温馨,而且也能培养我们自身的修养。比如说纵使我们以胜利者的姿态而出现时。

1922 年,土耳其和希腊经过几个世纪的敌对后,终于决定与希腊人展开一场彻底的决战,进而把敌人逐出土耳其的领土。

在土耳其著名的统帅穆斯塔法·凯墨尔发表了一篇拿破仑式的演说后,近代史上最惨烈的一场战争展开了,最后土耳其赢得了胜利。

当希腊两位将领前往凯墨尔总部投降时,已经做好了被土耳其人大加辱骂的准备。

但出人意料的是,凯墨尔却丝毫没有显出胜利者的骄傲。"请坐,两位先生,"他说,接着握住他们的手,"你们一定走累了。"

这让两位希腊降将有些不知所措。还未等他们反应过来,凯墨尔随即安慰他们不要为失败而痛苦,并以军人对军人的口气说:"战争这种东西,最优秀的人有时也会打败仗的。"

即使在胜利的兴奋时刻,凯墨尔还能考虑到敌方的尊严,在大庭广众之下,非但没有挖苦、讽刺、辱骂敌手,反而以第三者的口吻对其进行安慰。

那两位希腊将领被凯默尔的大将风度所深深感染,心里充满了感激,表示愿意率军撤出土耳其,并应允再也不来侵犯。

纵使别人失败而我们胜利了，纵使对方犯错而我们是正确的，也要为别人保全面子。每个人都有一道最后的心理防线，一旦我们不给他人退路，不让他人下台阶，我们自己的路也可能不会好走。

因此，在遇事待人时应谨记一条原则：别让一时的话语撕破了对方的面子，这无异于同时拆了自己的台阶。人人都需要保护自己的面子，适时地转弯、改变话语的同时，说不定就会为我们自己开创出另一番别样的人生格局。

婉拒是一种艺术

我们都知道，顺耳的话好听，自然也就容易说。但在生活、工作中总有一些我们不愿或无法接受的事情。此时，我们如果无法把拒绝的话说出口，就会让自己陷于颇为被动的窘困之境；但若直接把否定的信息传递出来，不懂得转弯，又会很容易引起诸多的不快。所以，如何说"不"是人与人之间交流的一个重要方面。

林黛玉初进贾府时，行至邢夫人处。邢夫人苦留黛玉吃过晚饭去，而"步步留心、时时在意"的林黛玉则怕被指责不懂礼数而婉言拒绝。那话说得，甚是得体：

"邢夫人留吃晚饭，舅母爱惜赐饭，原不应辞。只是还要过去拜见二舅舅，恐领了赐去不恭，异日再领也未为不可，望舅母容谅。"

此番话一出，既有对邢夫人的尊敬与感激，又表现出自己懂礼节、识大体，足见林黛玉之聪慧。

人们把这种方法称为"是……但……"的委婉拒绝，是一种典型的"转弯"模式。这种方法避免一开口就说"不"，给对方留足了面子，留好了台阶。对于或是无法做到，或是不合理的要求，由于人情、利害等关系，直接说"不"往往很难，也不明智。这时就需要婉拒,即委婉地加以拒绝。

委婉地拒绝是一种说话的艺术,是决定我们是否能在人际交往中更胜一筹的差别所在。它不仅可以帮助我们打破人际关系的僵局,让说"不"变得轻松愉快,还可以使对方更加心平气和或表示理解地去接受。如同卡耐基所说:"学会拒绝的艺术,既可减少许多心理上的紧张和压力,又可使自己表现出人格的独特性,也不致使自己在人际交往中陷于被动,生活就会变得轻松、潇洒些。"

曾经,美国某报纸为了增强影响力,五次三番地邀请林肯去参加他们内部的编辑大会。林肯推脱不了只好勉强答应,对方欣喜若狂,并想趁势把林肯作为该报的"品牌"。

林肯觉得自己并非一个编辑,所以出席这样的会议不大合适。为此,他想用一个小故事让报社的领导明白,不要再邀请自己出席这样的大会了。

林肯说:"一次,我在森林中遇到了一个骑马的妇女。我停下来让路,可是她也停了下来,目不转睛地盯着我的面孔看。

她说:'现在才相信你是我见到过的最丑的人!'

我说:"你大概讲对了,但是我又有什么办法呢?'

我说:'当然有办法了,虽然你生就这副丑相是没有办法改变的,但你还是可以待在家里不要出来的吗!'"

大家为林肯幽默的自嘲而哑然失笑。林肯巧妙地表达了自己的拒绝意图,温和但却让人在愉快的氛围中领悟到他的意图。

在与人交往的过程中,永远不拒绝他人是不可能的。左右逢源,力图做"老好人",或者勉为其难地接受了自己无法承办的事情,最终都不一定能得到我们预先期望的好结果。愈是想讨好每一个人,愈是达不到众人满意的结果。因为,过多地逢迎会让所有人都不曾注意到我们的"好",反而责备可能的不周到。毕竟,一个人的精力、体力都是有限的,不可能顾及到每一方面。除此之外,想要不加拒绝地答应所有要求,我们自己的阵脚也会被扰乱,原有的方寸也会变得不再平衡。

丽红是一个很好说话的人,很少与他人起争执。可是在职场里,丽红的"好脾气"让所有人都可以支使她,同事们经常随口一句"帮我复印一下"、"帮我把这个文件交给小张",就把丽红自己的事给耽搁了。

时间一长，丽红的工作效率难免就会下降，这不禁遭到了领导的质疑。丽红为此既烦恼又有些愤怒：凭什么让我来帮你们做？可是她又不想因为这一点小事而破坏了同事间的关系。渐渐地，丽红把这样的负面情绪越来越多地带回到了家里，老公经常被无缘无故地"火喷"，连女儿也抱怨说"妈妈不如以前温柔了"。

其实，"好说话"也算是丽红的优点，但不分场合、不分界限，这种优点也不一定能给她带来优势。想不得罪同事，又要表达自己的想法，其实很简单：以温和转弯的态度，表达坚定坐标式的立场。当他人习惯性地抛来一些小事上的"指令"时，完全能以一种优雅的姿态告诉对方："我正在忙，过半个小时好吗？"话音一出，对方大都也就明白了我们是在用一种拖延的方法来暗示自己的态度，相信也就没有人愿意花上半个小时去等待复印一个文件。如此，在把判断标尺收回到自己手中的同时，又不会让对方感到尴尬，我们个人的空间自然也就得到了保障。

恰当地表达、温和而坚定地说明自己的情况，不但能让对方遭受拒绝后失望和不满的情绪降到最低，而且还会给人以简单真诚的印象，有利于日后双方和谐地交往。这也正是我们为之改变的不同之处，以及为了创建新的人际关系所做的必要的努力。

第九章
丢掉一味的坚持，方向正确才是成功的密钥

智者静观，明者远见。人生之路就像是一次旅行，浪多人在匆匆前进的道路上，注注就形成了一种一味低头赶路的惯性。殊不知，没有正确的方向，纵使付出再大的努力也不会取得成功。

人生的发展空间在浪大程度上取决于最初的选择，做对了选择就等于在起点上领先于他人。在迈向成功踽踽而行的路上，前进的速度可以调节，但首先要明确方向。丢掉一味的坚持，不断、及时地调整方向，才能始终把成功的密钥牢牢掌握在手。

不能一条道跑到黑

人生的路漫长而遥远，对于大多数人来说更是充满了坎坷。"低头走路"往往会成为人们的生活习惯和思维惯性。然而，只知一味地埋头坚持而忘记了抬头看路的时候，往往就会导致事倍功半的结果，最后只能落得个费力不讨好的下场。有一个小故事说的就是这个问题。

有一头任劳任怨的老牛病倒了，主人很同情，也很难过。病牛在主人细心的照料下，病情有所好转。在它休息的日子里，他的主人代替它去做那些繁重的工作。病牛实在于心不忍，于是鼓足了全身的力气，拼命拉了一天的犁。

主人欢喜万分，以为老牛的病终于好了。但实际上，它的病情却越来越恶化。可当老牛看到主人非常高兴时，它也感到很欣慰。为了给主人分担辛苦，病牛第二天又坚持着拉了一天犁。

这次主人不但没有半点欢喜，反而有些怀疑。他心想这个老牛病好得这么快？是不是它为了偷懒，所以装病？为了证实自己的想法，主人决定让病牛继续拉犁。

尽管病情又恶化了许多，但是老牛为了不让自己勤劳一生的美名毁于一旦，所以又坚持了一天。

等到老牛坚持的第三天，主人便想：这家伙果然是装病！幸好我聪明，早早识破了！于是主人加大了老牛的劳动量。这时老牛的病情已经非常严重了，为了保存仅有的体力，它不再想更多的事情，只剩下一味地干活、干活。

到了第八天，病牛终于坚持不住了，再次倒下了！这次老牛彻底病入膏肓了！

　　可是他的主人却毫不同情它:"像这种东西,死了才好!"

　　老牛的悲哀就在于,它只知道一味苦干,而没有真正理解主人的想法,没有看清方向。有些人往往会有这种思想,以为吃得了苦,只要坚持下去就能成功。或者是,没有功劳也有苦劳。其实能吃苦只是获得成功最基本的一点要求,更重要的是要有头脑,看得清方向。

　　"低头狂奔",是脚踏实地、埋头苦干。"抬头看路",是辨别道路、认清方向。只顾埋头坚持,没有"抬头看路",就会脱离当时的实际情况,丧失稍纵即逝的机遇,偏离成功发展的航向。成功者从来都是一边拉车,一边看路的。路在脚下,努力的方向只能靠自己把握。尤其在成功道路上,埋头努力十分重要,正确的方向更是必不可少,甚至,方向比努力更重要。如果能在坚持走下去之前先抬头看好方向,在低头拉车的同时多抬头看看路,丢掉一味的坚持,统筹兼顾,那么我们的工作就会尽可能地减少失误,发展的速度就会更快。

　　成功就是在不断放弃与坚持的交替中实现的。每一次埋头,都让我们在既定的方向上向前迈进,不断取得更多的成功。而每一次的抬头,不仅让我们在忙碌的工作中得到暂时的休息,还可以修正前进途中的方向。在奋斗前进的路上不仅要看准方向、执著追求,还要"胸怀大志,腹有良谋"。所谓大志,是方向和目标;所谓"良谋",是方法和措施。凡成大事者,必然不会"一条道跑到黑",而是时时登高望远,根据实际情况调整方向。如此,才会以最小的投入得到最大的收获。

劳而无功，可能是你选错了方向

一直以来，人们都认定一个道理：天道酬勤。此话有一定的道理，只不过在讲求效率的今天并不完全适用。现实中很多人的勤奋并未换来成功，我们不能否认他们的努力，也会被他们的毅力和精神打动，但我们仍然要说他们是失败者，因为这是一个以成败论英雄的年代。

在成功的道路上，如果方向是正确的，那么目标就不会遥远。正如荷马史诗《奥德赛》中的一句至理名言："没有比漫无目的地徘徊更令人无法忍受的了。"正确的方向可以让我们少走弯路，快出成果，早日走上成功之路。错误的方向只能让我们离目标越来越远，方向错了，加快速度也只能是错上加错。不管在什么时候，方向比速度更重要。

18世纪的时候，欧洲探险家发现了一块"新大陆"——澳大利亚。

英国派弗林达斯船长带队，开足马力驶向澳大利亚，为的是抢先占领这块宝地。与此同时，法国的拿破仑也想成为澳大利亚的主人，他派了阿梅兰船长驾驶三桅船前往澳大利亚。于是，英国和法国展开了一场赛跑。

阿梅兰船长驾驶三桅船率先到达了，他们占领了澳大利亚的维多利亚，并将该地命名为"拿破仑领地"。随后几天，他们都没有看到英国的船队到达，因此他们以为大功告成，便放松了警惕。

法国的占领者在休息的时候，发现了当地特有的一种珍奇蝴蝶。这种蝴蝶非常好看，而且十分稀有。为了捕捉这种蝴蝶，他们全体出动，一直纵深追入澳大利亚腹地。

就在法国人追逐蝴蝶的时候，英国人也来到了这里。他们看见了法国人的船只和营地,以为法国人已占领了此地,船员都非常沮丧。但是仔细一看却没有发现法国人,于是,船长命令手下人安营扎寨,并迅速给英国首相报去喜讯。

法国人兴高采烈地带着蝴蝶回来了。可是维多利亚已经成为英国人的战利品,这块土地足足有英国领土那么大。看着曾经属于自己的东西如今已经牢牢地掌握在英国人的手中,法国人真是无尽地悔恨。

两国船队的方向开始都是澳大利亚。法国人虽然提前到达了目的地,但是他们没有继续沿着原有的方向前进,因为几只蝴蝶就偏离了航向,没有保住自己的劳动成果,结果导致功亏一篑、前功尽弃。

很多失败的教训告诉我们,不论是学习还是工作,都必须注意方向的问题。是选择坚持下去还是放弃航线,只取决于一点:我们的目标在哪里,我们目前是否正在向它前进。这样不仅节省了时间,同时也会有成效,从而避免忙忙碌碌而又毫无作为。

人生的发展空间在很大程度上取决于最初的选择,做对了选择就等于在起点上赢了别人。在向成功踽踽而行的路上,前进的速度可以调节,但首先要明确方向。大多数人匆匆赶路并形成了惯性,就一直那样坚持走下去,结果去了一些根本不值得去的地方。

做事效率高的人,往往都善于把握方向。美籍华裔作曲家谭盾是个优秀的音乐家。1999年,他因歌剧《马可波罗》获得格莱美作曲大奖。此后不久的2001年,他又凭借为电影《卧虎藏龙》作曲而一举夺得了奥斯卡金像奖"最佳原创配乐奖";2008年他为北京奥运会创作了一首《拥抱爱的梦想》。他的成功绝非偶然,而是他在决策上为自己创造了成功的先机。他有着明确的人生方向和职业目标,这也让他的人生从平庸到不凡少走了很多弯路。

年轻时的谭盾很喜欢拉琴,但他刚到美国的时候,为了生存只能依靠在街头拉小提琴赚钱来养活自己。在街头拉琴与摆地摊做生意一样,必须占到一个好的地盘才能够赚到钱,地段差的地方显然是没什么生意的。幸运的是,谭盾与一位黑人琴手联合,一起争到了一个可以赚钱的好地盘,那就是银行的门口,那里每天都人潮汹涌……一段时间之后,谭盾赚了不少的钱,他和黑人朋友告了别,而选择到音乐学府进修,他将自己全部的时间和精力都投入到提升音乐素养与琴艺当中。在学校里,他无法像在街头拉琴时那样赚很多钱，可他的眼光更长远，因为他有自己更远大的目标和未来。

10年之后，谭盾无意中路过自己曾经"演出"的那家银行门口，他发现昔日的黑人朋友仍旧在那里拉琴赚钱，而他的表情也如当年一样，满足而陶醉。黑人琴手看到突然出现在眼前的谭盾，异常兴奋地停了下来，拉着他的手问："朋友，你还好吗？好几年不见，现在你在哪里拉琴？"

谭盾向黑人琴手说出了一个知名音乐厅的名字，黑人琴手反问道："那家音乐厅的门口也很好赚钱吗？"

谭盾淡淡地说："还好了，生意不错……"

黑人琴手不知道，10年后的谭盾早已不是那个街头卖艺的路边歌手了，他已经成了一位知名的音乐家。与谭盾一样，那个黑人琴手也一直在坚持很努力地拉琴，只是他把所有的努力都付诸在保卫自己那块赚钱的地盘上。而谭盾选择了进一步深造，朝着自己理想中的方向去努力。正是这种选择的差异直接导致了他们截然不同的两种结局。谭盾用他自己的事迹告诉世人，勤勉和努力固不可少，但方向比努力更重要。

罗曼·罗兰曾说："一只鸟能选择一棵树，而树不能选择过往的鸟。一棵树被鸟选择是必然的，而哪一棵树会被选择则是偶然的。理想就像一棵树，它不会选择人，只有人去选择前进的方向。"

也许并不是任何时候都有宽阔的余地供我们选择，甚至在刚刚起步时我们都不能完全自主地作出决定。但是有一点，只要把握了有效的选择权，摒弃一味坚持的惯性思维，就一定可以把自己的人生路径逐渐导向一个正确的方向。唯有如此，我们人生的选择余地才会越来越大，发展道路才会越走越宽，最终实现自己心中的梦想。

把时间留给最重要的事

　　有一本畅销书《把时间留给最重要的事》中说："管理时间难，长期坚持以重要的事情为中心来管理时间，进而管理自己的整个人生就更是难上加难。"

　　因此，在我们决定将一件事坚持到底之前，首先要把重要和紧急的事情加以区分，最大限度地降低时间成本。摒弃不分轻重缓急、混淆事务优先级的做事方法，把那些并不一定特别紧急却很重要的事情作为主角，集中精力和时间。只有方向正确了，才会让我们在去繁就简的过程中享受到效率带给我们的成就之感。

　　把最优的精力、最多的时间用在最重要的事情上，这无疑是在为达成目标铺上一条最简捷的成功之路。那么首先，我们就有必要区分一下重要事和紧急事的不同。

　　重要的事，一般是指与目标有关，凡有价值、有利于实现个人目标的就是重要之事。

　　紧急的事，通常都显而易见，推脱不得，却不一定很重要。

　　重要但不紧急的事情，可以说是对个人而言最有意义的；也许短期内这些事情不会产生很大的作用，但若用长远的眼光去看，我们一定会从中受益匪浅的。通常这类事情的挑战性和困难度都很高，比如制定目标、规划未来、发展新的关系、学习新技能、改善饮食、开始新的训练项目、创业或者戒掉不好的习惯，又或者是参加明年的重要考试、年底的婚礼、下星期的应聘工作面试等。

　　而紧急但不重要的事情，一般是本身重要性不高，但迫于时间的压力，需要赶快采取行动的情况。例如处理临时遇到的需紧急回复的工作文件、接电话、煮饭等。

生活中，我们常常能见到许多人把大部分的时间花费在急迫但不重要的事务上，对时间的严格限制让人们往往容易产生"紧迫等于重要"的错觉。事实上，紧急的事情大都是针对于他人而非我们自己。

当我们忙于处理紧急的事情而把那些重要却不急于一时完成的事务一拖再拖的时候，常常会因感到压力颇大而急于休息放松，而在这个过程中，那些重要却不紧急的事情就会在下一个"急活儿"到来之前搁浅。这样的情况会一直持续很长时间，而那些重要的事情似乎就永远腾不出时间去做，这也是造成很多人最后都与成功无缘的根本性原因。

如果我们感觉到一直都在忙忙碌碌却没有得到任何收获，那么最大的可能就是，我们一直都在做紧急的事而忽略了那些重要的事情。

世界上最宝贵的就是时间。鲁迅先生曾说："生命是以时间为单位的。"无独有偶，拉美谚语中也有这样的句子：丢失的牛羊可以找回，但是失去的时间却无法找回。而时间对于天下任何一个人来说都是公平的，它的一视同仁就体现在：它遵循着一种恒定的规律，是不可逆转、不可替代、不可储存的，它不会因为任何原因，给任何一个人一天中额外的时间。

那么，要想在有限的时间里做出高效的事情，就要学会抓住重点、快速决断。人生的成本是时间的成本，在同一时空里我们是没有可能抓住两次机会的。

纵观历史，横看世界，成功人士大都怀着这样一种纯粹而简明的想法，即他们的眼中只有最终的目标和为此设定的许多阶段小目标。只要为了发展，达成这些目标的事情就是重要的，他们就会专注于此，紧紧抓住。

现在已是"凯利—穆尔油漆公司"主席的美国企业家威廉·穆尔，其企业之壮大、个人之成就怎么也无法让人想到，穆尔在为格利登公司销售油漆的第一个月工资仅仅是 160 美元。

但是，即使在当时那样窘迫的情况下，穆尔也没有丝毫气馁。他仔细分析了自己的销售图表，发现他的 80%收益来自 20%的客户，但是他却对所有的客户花费了同样的时间。

发现这一不平衡的差异，对穆尔来说，可以说是极大的转折，他立即改变了工作重点。穆尔把最不活跃的 36 个客户重新分派给其他销售员,而自己则把精力集中到最有希望的客户上。很短的时间内,他一个月就赚到了 1000 美元。

在此后的事业发展上,穆尔也从未放弃这一原则,最终使他走上了成功之路。

当今社会,由于经济利益的刺激,新鲜事物不断涌现,人们的思想开始变得越来越复杂,考虑问题似乎也越来越周全、细致。但实际上,这正是在消耗时间成本。很多人做事喜欢兜圈子、绕弯子,生怕别人知晓自己的内心,生怕别人掌握了自己的动态。于是大家都慢慢变得含蓄起来,人人都在运用政治家的外交手腕处世。这样做的结果,只能大大增加做事的时间,走更多的弯路,消耗更多的生命。

对此,我们应学会限制时间的可利用性。具体体现在:不要在思维需要高度运转的时间而固执地和他人发生争执,甚至非要把自己的观点强加于人;不要总是酝酿情绪,而要选择在我们精力最充沛的时刻立即动手。

总之,在当下的社会中,以往对凡事都"坚持到底"的精神原则已经不再提倡。对于那些并不一定与我们人生目标相关的琐事,要勇敢地说"不"。透过迷雾、集中精力地去做重要的事,排除次要事务的羁绊,就是为了最大化地降低时间成本,摒弃没有目标、优柔寡断、顾虑重重的做事方法,最终达到成功。

愚公可以搬家，并不一定要移山

在我们第一次被告知愚公移山这则典故时，希望传达的必然是锲而不舍的意志，而绝非违背客观规律的谬误。人的精神固然重要，但一味片面、单纯地夸大它的作用，无疑是不符合自然发展的。

时下，某高中主题班会上，同学们就"愚公是否应该移山"一题展开了充分的讨论。最终得出结论："愚公应该搬家，而不是移山。"他们认为愚公移山不仅破坏了自然，给生态环境带来了不良的影响，同时对"无穷匮"的子孙世代从事一件违背自然规律的劳役表示极大的费解。

的确，对于以往一味坚持的"移山精神"，我们理应选择一种科学合理的方式，打破封闭僵化的思维模式，提倡功效结合的思维方法。这意味着人员、物资、信息的合理流动，无疑是符合时代发展要求的。当下的旋律，是在务实之中求应变、应变之中求进取的科学指导下谱就的。俗话是"穷则变，变则通，通则达"，我们只有把执著与变通相结合，才能破旧立新、再造辉煌。执著是船，变通是帆，把握好二者的尺度，人生才会战无不胜。

林语堂说："明智的放弃胜过盲目的执著。"人生的道路千万条，如果前进的路上摆明了"此路不通"的标志，我们又何必固执于旧有的方向？锲而不舍的确是一种可贵的精神，但前提是要走在前方终有出口的道路上。逆潮流而动，只会让我们的道路越走越窄。对于那些人力不可为的事情，就不要固执地坚持；放开执著，同时也是放过了自己。

有时，弯道比直线更加快捷；有时，屈服比顽抗更加伟大。高山上的雪松执著于生命，所以它们才选择了弯曲；蝴蝶执著于飞翔，所以选择了囚禁；石头下的种子执著于成长，所以选择了倾斜……这便是执著与变通。

当年，荆轲刺秦王，"风萧萧兮易水寒，壮士一去兮不复还"。只是，他太执著于自有的价值，图穷匕见，血溅那一段惨淡的历史，即使壮烈终究也没有改变历史。

数百年后，又有三国时的曹操刺董卓。他也执著，只是他执著的是董卓，是自己的霸业。因而也就懂得了变通，一旦败露立刻改口献刀。没有生命，一切又从何谈起？他的变通有执著的强硬，更有人生的睿智。

练就这样的智慧，会让我们的执著锦上添花，也才会有更加执著地迈出下一步的力量。只有执著的人生是单调而清苦的，守得云开见月明的日子会显得是那样遥遥无期；只有变通的人生是摇摆而蹉跎的，碌碌无为也是其必然的结果。所以，若想在大浪淘沙的历史中不须臾、不空洞，我们就必须学会执著与变通的结合。

成功者没有固定的模式。他们根据事情的需要采用变通的方法，使自己的行为"合于时宜"，而不是反潮流而动。就如同行船一样，逆水行船，不如顺风扬帆。正如古人所说："五行妙用，难逃一理之中；进退存亡，要识变通之道。"

梁启超与谭嗣同均为中国近代改良派的政治家，却有着不一样的人生。

在要求变革的人民支持下，他们一同"公车上书"，倡导"维新变法"。但一个以身殉道，年仅33岁。而另一个却在看到君主立宪制无法实施的历史环境下"见风使舵"，顺应了革命潮流，毅然投身于革命的洪流当中，著书立说，文批袁世凯。正因为他"见风使舵"的变通，才能继续为革命事业而奋斗，并成为近代不可多得的文学家，并有《饮冰室文集》流传于后世。

与谭嗣同相比，梁启超为后来的革命创造了更多的财富，起到了更实际的意义。

天下之事无定法，天下之理同变通。客观地讲，愚公移山有时并不一定就是好事，它让我们守匿于自我旧有的偏山一隅，无法突破，更谈不上创新。违背了进化论的自然法则，终究会被历史的浪潮所淘汰。

这是不是也能给我们提供一个解决生活中某些问题的启示呢？人活于世，会遇到很多不以自身意志为转移的变化，而适应这些变化的最佳途径，就是学会自己变通。在进与退的纷争中，不妨选择有原则地变通，或许就会带来另一番天地。

《我的青春我做主》中钱小样曾这样说过："别人是撞了南墙才回头，我是撞了南墙也不回头，我绕过去。"有时，"见风使舵"也是一种放弃而后转身的智慧。"风"是一种时代潮流、一种民意，顺应潮流之风而掌控人生之舵才是明智之举。历史与社会发展的潮流是挡不住的，若想实现人生目标，就必须随着潮流之风的发展方向而不断改变自己；也只有这样，才能拿到打开成功大门的密钥。

物无美恶，过则为灾

宋代词人辛弃疾有一句名言："物无美恶，过则为灾。"成功有时候取决于如何开始，而有时候则取决于如何结尾。精彩的过程也需要完整的结局配合才行。辛辛苦苦劳碌半生，结果做过了头，最后一无所获，这是谁都不希望看到的。所以，适可而止地见好就收也是一种人生哲学，成就了另一种境界。

所谓"过则为灾"说的就是一个"度"的问题，做得过了和做得不够都是不好的。在这个问题上，古代先贤早就给我们有了指导。

孔子有一个弟子叫子夏，有一天，子夏问孔子："颜回这人怎么样啊？"

孔子说："颜回这个人不错，他在诚信上超过我。"

子夏又问："子贡这人怎么样啊？"

孔子回答说："子贡在敏捷上超过我。"

子夏继续问："子路这人怎么样啊？"

孔子回答说："子路在勇敢上超过我。"

子夏仍然追问："子张这人怎么样啊？"

孔子回答说:"子张在庄重上超过我。"

子夏有点不解,他问孔子说:"这4个人都有超过老师的地方,那么他们为什么都拜您做老师呢?"

孔子笑了,说:"让我来告诉你:颜回虽然很有诚信,却不知道还有不能讲诚信的时候;子贡虽然非常敏捷,却不知道还有说话不能太伶牙俐齿的时候;子路虽然很勇敢,却不知道还有应该害怕的时候;子张虽然庄重,却不知道还有应该轻松幽默的时候。而我则知道他们不知道的事情,所以他们才拜我做老师啊!"

子夏点了点头,好像明白了一些,接着又问:"他们的这些品质不都是优点吗?为什么还要加以限制?"

孔子回答:"诚信过了头,就成了迂腐;敏捷过了头,就成了圆滑;勇敢过了头,就成了鲁莽;庄重过了头,就成了呆板。"

孔子的思想是儒家的杰出代表,在他的思想里,中庸就是其核心内容。凡事都要讲个分寸尺度,既不能过头,也不能不及。这就充分体现了中庸的内涵。

中国的书法发展历史也曾经出现过过犹不及的现象。唐代书法经汉代隶书和北魏碑的积淀,迎来了书法史上的辉煌。由于唐太宗李世民非常喜爱书法,甚至到达了痴狂的程度,逐渐地,唐朝书法的水平登峰造极,是后世研究书法者追求的高度。也正因为此,后人在学习书法时纷纷从唐人起步。学生从一开始就被老师规定先颜后欧,写上20年唐楷也不多。如此一来,就犯了过犹不及的毛病。因为唐楷法度森严,扼杀了"字如其人"、"书法自然"的本义。唐代书法虽然不是千人一面,但是往往是一个模式,新形势并不多见。如果以唐代书法为统一的标准进行学习,难免违背了书法的内涵和宗旨。

在我们现实生活中,做事过头的情况也会经常发生,比如吃饭喝酒过了头,容易对身体造成伤害;吸烟太多了,同样对身体不好;甚至有时候礼貌过了头,也会被认为是别有用心。

很多人奉行的一条处世金律是"礼多人不怪",待人总是一副笑脸,尤其是一些职场的新人,更是对这句话深信不疑。

有这样一个年轻人,毕业以后来到一家公司。为了搞好和同事之间的关系,他对老板和同事都十分热情，每次见面都抢先打招呼，出去吃饭老争着付账，从不吝惜自己赞美的言辞。

不仅如此，他还经常带一些小礼物，上班时分发给大家。这样过了一段时间，老板把他叫去，十分严肃地问："你是不是对现在的位置有什么想法？"

年轻人当时很惊讶，不知道老板的话是从何说起的。经过老板的提醒，他才明白是因为自己过分的"礼节"所引起的。

年轻人按照礼多人不怪的原则，充分发挥了自己的热情，对谁都很礼貌，对谁都很热情，这本无可厚非。但问题就在于他不太懂得过犹不及的道理，没有把握好度的问题，反而引起了老板的反感和猜忌，认为他"居心叵测"，是在有意做着什么。所以，无论做什么事，见好就收就是最好的结果。做过了头有时会适得其反，给自己招来不必要的麻烦，甚至将自己的劳动成果毁于一旦。

另一方面，对于物质上的拥有，我们也要秉持"够用就好"的原则。最朴素的道理告诉我们：有用比拥有更有价值。就像那个在高速行驶的火车上掉了一只新鞋的老人，在众人皆惋惜的时候，却把另一只鞋子也扔到了窗外。老人的解释是："这一只鞋无论多么昂贵，对我而言已经没有用了；如果有谁能捡到一双鞋子，说不定他还能穿呢！"老人没有一味地坚持自己的拥有，而是洒脱地选择了"失去"这个方向。可谁又能说，老人从中得到的内心快乐，不比物质的拥有更多呢？

总之，任何事物的发展都有其相应的准则，违背自然规律必然会产生负面的效应。动植物遵守自然生存法则，才能顺利地生长；人生在世处理问题也是如此，把握好一个"度"，找准一个方"向"，才能在各自所处的环境中摆好位置，有所发展。

坚持"诚实"不一定就好

　　许多心理学家都曾先后指出过:"一个没有谎言的世界会变得很冷酷。"也就是说,这个世界是因为有谎言的存在,才变得真实而充满温馨。

　　世界上没有绝对的事,为了他人的幸福和希望而撒的一些小谎言便是善良的。它是一种理解、尊重和宽容,而且具有神奇的力量,乃至成为信念的原动力,让人找到更多笑对生活的理由。它让人们心底的希望之火重新燃起,也让人更加坚信这世界上仍然有爱、有希望、有感动,而这些,正是人与人之间沟通的最高境界:往往,心灵的契合通过最简单的方式,便有可能达到共振。如此说,我们并不需要也不能够一味坚持所谓诚实的原则。关键是,我们的初衷,即出发的方向和动机是什么。

　　英国广播界的获奖先驱布莱恩·金在他最新的畅销书《你别再骗人了》中指出,人性决定人必须讲谎言,说谎是人天生的本领。他说:"无论新闻媒体工作者也好,政客也好,商业机构管理人也好,甚至治病救人的医生也好,都是满口谎言。"书中引用了大量的研究结果,最后表明:"谎言能够让人类的社交运转得更加畅顺,并维持每个人的自尊。"布莱恩·金戏称这些谎言是"为了保留别人面子而出于善意的委婉词"。

　　在最后一章"为谎言辩解"中"没有谎言的世界"一节中,布莱恩·金写道:"科学家曾致力于研究促使人类说谎是大脑哪些部位。假如基因工程可以抑制说谎的本能,使人类无法说谎,那会发生什么事呢?也许结果是:首先司法制度将变成多余,因为犯罪之人会乖乖自首、认罪;其次,没有谎言的世界也有缺点,因为有的谎言和骗局会给我们带来消遣和欢乐,一个没有文学、戏剧、喜戏和恶作剧的世界听起来就缺乏吸引力;

还有，我们每天都会使用委婉语化解尴尬，若失去这些珍贵、充满谎言的社会互动工具，那么我们如何对他人嘘寒问暖或表示关心？少了委婉语的润滑，社会必然会充满摩擦和愤怒。"

从哲学的层面上来看，谎言是形式，善意是内容。有时，为了打破人与人之间的心墙，则需要召唤回"人之初，性本善"的一些本初的爱。与其费尽心思去琢磨如何表达真相的技巧，不如利用简单的"委婉词"。这不仅省去了我们谋篇布局的心思，而且也让对方的心中充满了温情与力量，从而冲破内心的樊篱，拉近彼此间的距离。

诚然，我们可以理解人们对谎言的深恶痛绝感，也有很多人的人生信条就是"言而无信不可交也"。可是，当真相与生命并重的时候，前者就有可能成为"凶手"。就像下面故事中这个医生的一次实话实说，让一个本来还可以活半年的癌症病人居然半个月就踏上了黄泉路。自此，他学会了说假话，开始"喜欢"上谎言。

一位医生刚参加工作后不久，遇到了一位47岁的宫颈癌患者。病情已经很严重了，省医院做出诊断后便让她回家治疗。

这位实习医生的导师看后，给患者开了药，并未特别在意地说慢慢会好的。

而这位实习医生对此大为不解，认为患者本来就已经够倒霉的了，作为医生，怎么还能欺骗她呢！于是，他看完诊断后，一股脑儿地把宫颈癌的所有情况说给了病人。万没想到的是，病人当场脸色苍白晕倒在地，阴道流血不止，很快浸湿了外裤。

导师瞪了他一眼，让护士赶紧把病人抬进去住院。本来是她自己走来开药的，是实话让她的精神彻底崩溃了。病人从此拒绝进食，半个月后就告别了人世。临走前，她遗憾地告诉我们，还有3个月女儿就要考大学了，可惜她等不到那一天了。

那位女患者临终前的遗憾也成了这个实习医生今生最大的憾事。后来，没有人再去谴责过他，但他从内心里却感到永远内疚，好像自己就是杀人凶手似的。他不能原谅自己的那次实话实说，让原本可以延长至少半年的生命在短短不到20天的时间里就悄然而去了。

从那以后，这位实习医生学会了适时地"撒谎"。为了延长病人的生命，更为了让患者在人生的最后岁月里对生活仍然抱有美好的希望而活着，他会用谎言时时去安慰对方。因为，他懂得了面对患者，也许有时候，谎言也能够疗伤。

所以说,生活中是需要一些白色谎言的,这与纯洁无关。善意的谎言是美丽的,它不是欺骗或居心叵测。医生的一句善意谎言,让恐惧的病人由毁灭走向新生;父母的一句善意谎言,让涉世不深的孩子面若鲜花、灿烂生辉;老师的一句善意谎言,让彷徨学子不再困惑,更好成长……善意的谎言不会玷污文明,更不会扭曲人性。

善意的谎言是出于美好愿望的谎言,是人生的滋养品,也是信念的原动力。善意的谎言能赋予人类灵性,体现情感的细腻和思想的成熟,促使人坚强执著,不由自主地去努力、去争取,最后战胜脆弱,绝处逢生。

其实,善意的谎言往往要比真实的事实简单得多,我们不妨在与人交流中巧妙地运用一些白色的"委婉词",让彼此传达出的信息流动得更加和谐。如此,在方向正确的基础上丢掉"不撒谎"的原则,怀着一颗至善而爱的心,便可以达成一种美妙的沟通效果。

懂得刹车,才能更快起步

有位哲人曾经说:"当我们正在为生活疲于奔命的时候,生活已经离我们而去。"匆忙的人生列车不可能一直都奔跑下去,只有在中途刹车停下来,适时补充给养,才能更有动力地朝着下一阶段的目标前进。

衡量一辆车的等级优劣,最重要的条件之一就是看它的制动系统。所谓"制动",有"制"才有动。如同在漫长的人生旅途中,只有懂得并善于"刹车"的人,才有最大的可能实现长远的目标。

几年前,一个男孩的电脑里新装了一款游戏"极品飞车"。真实的场景、方便的操作，玩起来很是上手。尤其是急速行驶时，车"飞"起来的刺激更是让他沉迷。

玩游戏时，他不断加速、加速，两旁的建筑物飞似地后退，他完全沉浸于飞驰的刺激当中。不料，前方突然有个急弯，由于车速太快而来不及转弯，车撞上了路旁的建筑。在他调整车身时，后边的车手从身边疾驰而过，瞬间便消失了踪影。所以，他虽然极喜欢这款游戏，却一直没有获得过游戏中的名次，由于在享受疾驰乐趣的时候因为突然出现的急弯使车倾翻，浪费了时间，使他远远地落在最后。

他的舍友也玩飞车，同样的弯道，舍友却能自如地穿过。

问及原因，舍友很不在意地说："因为你没刹车啊。"

的确，如此简单的一个道理，他却需要别人的提醒：刹车减速不就可以很容易地转过那个急弯了吗？转过弯后再加速，没有了调整车身的麻烦，不知节省了多少时间。如此，跑第一也就没那么难了。

几乎在所有驾车教练的口中，刹车都是最基本、最简单，但也是最重要的原则。开快车的感觉的确会很刺激，但关键是提速之后的处理：怎样保证在最紧急的时候能够刹住车？更进一步来说，我们如何保证不会失控？

想要跑得快，首先要学会能够及时地停车，才不用担心因为车速过快而出现车毁人亡的后果，才可以放开手脚地去奔驰。开车时，一个懂得随时准备好刹车的人才算得上是一名好司机。如果当看到危险后才开始刹车，往往为时已晚。

在跑长途时，老司机都知道有这样一个重要法则：要不定期地踩一脚刹车，一是为了防止车速过快而来不及处理紧急情况；另一方面，也是为了时刻把握刹车的灵性。也就是说，一味地加速再加速，是要担负着最终让刹车失灵的极大风险。而在平日的行驶中，也要适时地停下来看一看车子的各个部件是否完好、性能是否优良；除此之外，还要定期给车子清洗、保养、抛光、打蜡等，以延长车子的寿命。

从某种意义上来讲，人和车一样，也是一台机器。一味地坚持不停加速，对于车来说会出现抛锚的损害，而对于人，也许后果就会更加严重。在现实生活中，工作、应酬、发财、名利……为了实现一个又一个的目标，满足一个又一个的欲望，我们每天都在这条"人生"的道路上坚持奔跑着，从未停止过，纵然身心疲惫、伤痕累累。岂知我们这台机器也有倦息、抛锚的时候，也需要我们能够及时"刹车"，抖落尘埃，修复创伤，恢复元气，看看前方的路是否还能继续走得通。

在行车中学会刹车犹如在生活中学会自控，行车失控犹如行为失控、感情失控、精神失控，都会给我们带来很大的祸患。学会刹车，才能安心上路；学会自控，才能安心生活。而这种自控，便是一种懂得选择放弃，从而重新起步加速的艺术。

不必处处争第一，"暂停"让生活更美好

很多时候，我们总是不甘落后、不甘平庸，总在更新着理想、更新着目标。不断更新的理想和来不及实现的现实间总有一段距离，这让我们觉得落后和恐慌，让我们一刻也无法放松。我们的生活总在理想中的未来，而非现在。所以，只有奋力地奔跑、再奋力地追赶。

原来，我们很少想到自己已经拥有的，却常常看到尚未得到的。于是，没有的就成了理想，我们的理想就是这样被制造出来了。因为有理想，所以必须不断追赶；因为有理想，所以对现在总是不满；因为有理想，所以把现在过得很不理想。

这里是一位 30 岁的女强人给自己的一段自白：

"是的，我该停一停了，把背上的包袱放一放，好好地喘一口气。把急行军的步伐放缓一下，去呼吸一下负氧离子，看一看风景。让世上的纷纷扰扰暂时归于平静安宁，让惊乱繁杂的生活从今天开始归于简单平淡……我终于明白，人生的遥控器其实就掌握在自己的手中，在我 40 岁时，把'人生遥控器'果断地中止了快进键，按下了暂停键。"

我们应该辩证地看到，忙碌有时候的确是一种幸福，只要能清醒地知道忙碌的意义；清闲有时候也是一种境界，只要不会为此而麻木。生活中有太多的波折，当我们在

遇到挫折时,何必要选择"重启"呢?按下"暂停"键,思考一下,也许问题就会迎刃而解。

暂停不是原地踏步、得过且过,而是坐下沉思、反省自身;暂停也并非停滞不前、坐以待毙,而是调整方向、重新计划;暂停亦不是精神颓靡、自暴自弃,而是一种蓄势待发,广采众家精华,再起斗志。

同时,我们也应该提早认识到,人生不是竞争,不必把撞线当成最大的光荣。就像著名主持人白岩松在儿子出生时给他写的一篇《不争第一》的文章中所说:"站在第一位置上的人不一定是胜者,这总是一时的风光,却赌不来一世的顺畅。时代的风向总在转变,那些被吹走的名字,总是站在队列的前面。争当第一的人,眼睛总是盯着对手,为了得到第一,也许很多不善良的手段都会派上用场。也许,每一个战役,你都赢,但夜深人静,一个又一个伤口,会让自己触目惊心。何必把争来的第一当成生命的奖杯?我们每一个人,只不过是和自己赛跑的人,在那条长长的人生路上,追求更好强过追求最好。"

当了第一的人也许是脆弱的,众人之上的滋味尝尽,如再有下落,可能就会感受到悲凉,于是,就将永远向前。可在生命的每个阶段,第一的诱惑总是在眼前,于是生命会变成劳役。时隔 13 年,白岩松依然这样告诉自己:"第一是不靠谱的,随时会更迭。"

白岩松从一名平面媒体记者转行做电视节目主持人已经 10 余年,也许他从没有想到自己可以在这个领域达到如此的高度,而伴他一路前行的信念也许就是凡事并非要强求强争,懂得放弃与转身。

他曾说:"不争第一不意味着不努力,只是不要费尽心思非要争第一。就像长跑一样,长跑最后能取得很好成绩的人,不一定一开始就领跑,但是必须让自己保持在这一方阵之中,最后比的是韧性和耐力。"

对一个做了很长时间电视节目的主持人来说,最重要的是能够时刻保有一个继续向前走的动力和勇气。而十几年来,白岩松就一直以长跑选手来定位自己,不因一时荣誉而不知所以,也不因一时打击或挫折而如临深渊。只是扎实、坚定地跑好每一步,时刻调整好自己的节奏,从而获得了他游刃有余的人生。

其实,我们已经拥有了很多,却仍然在不断坚持追赶自己欠缺的。所以,得到越多就越发停不下来,向前追逐的路永无尽头。这时我们需要的,是一种暂停的勇气,不仅让身体得到休息，更是让心灵得以卸载。

　　人生就像一场旅行，沿途的风景以及看风景的心情远胜于目的地的达成。在人生的旅途上，别忘了暂时停下来驻足片刻，欣赏一下路边绽放的美丽花朵。生活的意义不在于忙碌后的结果，而在于实现梦想的过程。在努力打拼的同时，别忘了学会随时暂停，学会享受生活。或许，幸福的生活正在后面奋力地追赶着我们，只要暂时停一停，它自然就会与我们会合。